U0139883

水利水电工程建设监理手册
光盘版

《水利水电工程建设监理手册》编写组　编

中国水利水电出版社
www.waterpub.com.cn

内 容 提 要

本光盘是依据国家及水利水电行业的现行监理规定规范和标准精心编写而成，部分内容借鉴和吸收了建筑、电力、交通等其他行业工程建设监理的先进理论和实践。同时结合水利水电工程的建设实例，选编了大量的监理工作规程和施工阶段的监理实施细则。

本光盘由上篇、下篇和附件三部分组成。上篇为"建设监理规范规定篇"，收编了国家、行业及地方等 12 个建设监理标准和规范规定，其中《水利工程建设项目施工监理规范》（SL 288——2003）是水利行业最新颁布的建设监理行业标准，并于 2004 年 1 月 1 日正式实施。

下篇为"建设监理理论与实践篇"，内容包括：工程建设项目管理体制及建设程序、建设监理制的实施、监理单位的选择和监理费用、监理机构和监理规划、工程建设招投标管理、建设工程监理工作规程、水利水电工程建设监理的实施、专业监理实施细则。

附件为"国家及有关部门发布的相关标准和规定"，收录了国家及国家计委、水利部、建设部、国家工商行政管理总局等部门陆续发布的与监理工作和工程建设密切相关的重要指令、文件、规定、行业标准和通知要求等 54 个，便于监理工作者查询、使用和对照执行。

本光盘在编写过程中力求做到内容广泛、概念清晰、理念新颖、权威实用，全面反映我国建设领域最新管理理论、经验和技术，特别是收选了水利水电工程投标和勘测设计阶段的监理工作内容，且相关章节后面都附有示例，具有很好的参考价值。

为了增加本出版物的信息量，同时又方便现场监理和资料整理保存使用，本出版物在国内首次开创性地出版电子光盘版，读者可以依据纸介的说明书目录索引，直接在光盘上查询或下载使用，十分便捷。本光盘可作为从事水利水电工程监理、施工、规划、设计及管理工作的各类人员的必备工具书，供他们查阅使用。

前　言

工程建设监理是一门融合工程勘察设计、工程经济、工程施工、项目组织、民事法律与建设管理各种学科于一体的项目管理科学。我国自 1982 年在鲁布革水电站实行建设监理模式以来，水利水电工程建设监理的探索与实践已有 20 多年的历史。目前，我国的大中型水利水电工程均实行了建设监理制，对控制工程质量、加快工程进度、提高工程项目的经济效益起到了非常重要的作用。

为规范水利水电工程建设监理行为，提高建设监理的工作水平，进一步满足广大监理工作者的需要，方便现场监理和资料整理保存使用，经过近两年的资料收集和编写工作，我们特编写了《水利水电工程建设监理手册光盘版》，作为从事水利水电工程监理、施工、规划、设计及管理工作的各类人员的必备工具书，供他们查阅使用。

本光盘在编写过程中力求做到内容广泛、概念清晰、理念新颖、权威实用、全面反映我国建设领域最新管理和技术，特别是收选了水利水电工程投标和勘测设计阶段的监理工作内容，且相关章节后面都附有示例，如：监理投标书编制实施细则、水闸工程设计阶段监理大纲、水电工程施工阶段监理大纲、水闸工程设计阶段监理规划和水电工程施工阶段监理规划，以利于监理工作者实际工作中参考、借鉴。值得说明的是，目前这部分工作在水利行业还不十分成熟和普遍，该部分内容仅供读者参考。

本光盘是依据国家及水利水电行业的现行监理规定规范和标准精心编写而成，部分内容借鉴和吸收了我国建筑、电力、交通等其他行业工程建设监理的先进理论和实践。同时结合我国长江三峡工程和怀洪新河何巷分洪闸枢纽工程的建设实例，选编了大量的监理工作规程和施工阶段的监理实施细则。

本光盘由上篇、下篇和附件三部分组成。上篇为"建设监理规范规定篇"，收编了国家、行业及地方等 12 个建设监理标准和规范规定，其中《水利工程建设项目施工监理规范》（SL 288—2003）是水利行业最新颁布的建设监理行业标准，并于 2004 年 1 月 1 日正式实施。

下篇为"建设监理理论与实践篇"，内容包括：工程建设项目管理体制及建设程序、建设监理制的实施、监理单位的选择和监理费用、监理机构和监理规划、工程建设招投标管理、建设工程监理工作规程、水利水电工程建设监理的实施、专业监理实施细则。

附件为"国家及有关部门发布的相关标准和规定"，收录了国家及国家计委、水利部、建设部、国家工商行政管理总局等部门陆续发布的与监理工作和工程建设密切相关的重要指令、文件、规定、行业标准和通知要求等 54 个，便于监理工作者查询、使用和对照执行。

为了增加本出版物的信息量，同时又方便现场监理和资料整理保存使用，本出版物在国内首次开创性地出版电子光盘版，读者可以依据纸介的说明书目录索引，直接在光盘上查询或下载使用，十分便捷。

本出版物由高建峰担任主编，参加编写的还有陈化钢、王振龙、于玲、王海英、吴庆林、李秀雯等，全书由高建峰统稿。

由于本光盘资料来源非常广泛，规范化工作十分繁杂，加之编者水平所限，全国各地水利水电监理工作者在工程实践中创造总结出的新理论和新经验层出不穷，盘中难免存在疏漏和不足之处，敬请广大读者批评指正。

编　者

2004 年 6 月

光 盘 目 录

第四章　水电工程建设监理招投标指南（国电电源［2002］95号）

光盘内容精选 下篇 建设监理理论与实践篇

7　高压喷射灌浆防渗墙工程监理实施细则

8　锥探灌浆工程监理实施细则

附　件　国家及有关部门发布的相关标准和规定

附件1　国家计委文件：计建设［1996］673号　《关于实行建设项目法人责任制的暂行规定》的通知

附件2　国务院文件：国发［1996］35号《关于固定资产投资项目试行资本金制度的通知》

附件3　《中华人民共和国招标投标法》

附件4　国家计委、建设部文件：建监［1995］737号《工程建设监理规定》

附件5　《中华人民共和国建筑法》

附件6　国务院令第279号《建设工程质量管理条例》

附件7　建设部令第86号《建设工程监理范围和规模标准规定》

附件8　建设部令第71号《建筑工程施工许可管理办法》

附件9　建设部文件：建设［2000］41号《建筑工程施工图设计文件审查暂行办法》

附件10　建设部文件：建设［1999］254号《关于工程设计与工程监理有关问题的通知》

附件11　建设部文件：建设［1999］208号《关于开展建设项目设计咨询试点工作的通知》

附件12　建设部令第102号《工程监理企业资质管理规定》

附件13　建设部令第18号《监理工程师资格考试和注册试行办法》

附件14　国家物价局及建设部文件：［1992］价费字479号　《关于发布工程建设监理费有关规定的通知》

附件15　建设部和国家工商行政管理局文件：建建［2000］44号《建设工程委托监理合同（示范文本）》GF—2000—0202

附件16　国家计委文件：计建设［1997］1466号《国家基本建设大中型项目实行招标投标的暂行规定》

附件17　国家计委第3号令《工程建设项目招标范围和规模标准的规定》

附件18　建设部第79号令《工程建设项目招标代理机构资格认定办法》

附件19　国家计委第5号令《工程建设项目自行招标试行办法》

附件20　建设部第82号令《建筑工程设计招标投标管理办法》

附件21　国家计委、国家经贸委、建设部、铁道部、交通部、信息产业部、水利部令第12号《评标委员会和评标方法暂行规定》

附件22　建设部令第81号《实施工程建设强制性标准监督规定》

附件23　建设部建筑管理司文件建建质［2000］38号《建设工程质量监督机构监督工作指南》

附件24　建设部建建［2000］142号《房屋建筑工程和市政基础设施工程竣工验收暂行规定》

附件25　建设部令第78号《房屋建筑工程和市政基础设施工程竣工验收备案管理暂行办法》

附件26　国务院批准、国家计委发布：《国家重点建设项目管理办法》

附件27　国家工商行政管理局令第82号《关于禁止串通招标投标行为的暂行规定》

附件28　建设部令第65号《建设工程勘察设计市场管理规定》

附件29　建设部建标［1999］1号《建设工程施工发包与承包价格管理暂行规定》

附件 30　国家质量监督检验检疫总局、国家发展计划委员会、国家经济贸易委员会　国质检质联
　　　　〔2002〕174号《设备监理管理暂行办法》

附件 31　中华人民共和国发展计划委员会第18号令《国家重大建设项目招标投标监督暂行办法》

附件 32　GB/T50328—2001《建设工程文件归档整理规范》

附件 33　建设部、国家工商行政管理局文件：建建〔1999〕313号《建设工程施工合同（示范
　　　　文本）》（GF—1999—0201）

附件 34　上海市建设监理协会文件：沪建监协字（2001）第20号《关于发布工程建设监理费上
　　　　海市行业指导价标准的通知》

附件 35　国家质量监督检验检疫总局令第28号《设备监理单位资格管理办法》

附件 36　建设部建市〔2002〕189号《房屋建筑工程施工旁站监理管理办法（试行）》

附件 37　建设部第89号令《房屋建筑和市政基础设施工程施工招标投标管理办法》

附件 38　2000年1月10日国务院第25次常务会议通过《建设工程质量管理条例》

附件 39　第167号国际劳工公约施工安全与卫生公约

附件 40　1997年10月21日上海市第十届人民代表大会常务委员会第三十九次会议通过《上海
　　　　市建筑市场管理条例》

附件 41　中华人民共和国行业标准JGJ59—99《建筑施工安全检查标准》

附件 42　《建筑施工安全有关技术标准和强制性条文》

附件 43　《中华人民共和国公司法》

附件 44　水利部令第14号《水利工程建设项目招标投标管理规定》

附件 45　水利部水建管〔2002〕585号《水利工程建设项目重要设备材料采购招标投标管理
　　　　办法》

附件 46　水利部水建管〔1998〕481号《水利工程建设项目施工分包管理暂行规定》

附件 47　水利部办建管〔2003〕122号　水利部办公厅关于印发《建设工程施工专业分包合同
　　　　（示范文本）》《建设工程施工劳务分包合同（示范文本）》的通知

附件 48　建设部、国家工商行政管理总局GF—2003—0213《建设工程施工专业分包合同（示范
　　　　文本）》

附件 49　建设部、国家工商行政管理总局GF—2003—0214《建设工程施工劳务分包合同（示范
　　　　文本）》

附件 50　水利部办建管〔2003〕120号　水利部办公厅关于印发《水利工程建设项目施工招标标
　　　　底编制指南》的通知

附件 51　水利部办建管〔2003〕120号《水利工程建设项目施工招标标底编制指南》

附件 52　水利部水建管〔1999〕765号《堤防和疏浚工程施工合同范本》

附件 53　SL223—1999《水利水电建设工程验收规程》

附件 54　SL19—2001《水利基本建设项目竣工财务决算编制规程》

光　盘　内　容　精　选

下篇　建设监理理论与实践篇

第一章　工程建设项目管理体制及建设程序

1　工程建设项目及其管理体制

1.1　项目与工程建设项目

（1）项目（Project）通常是指在一定的约束条件下（即限定的资源、限定的时间、规定的质量和安全标准），具有特定的明确目标和完整的组织结构的一次性事业（或任务）。所谓一次性事业，是指其生产过程具有明显的单件性，而与一般的工业产品的大批量重复生产不同。因此，项目具有单件性、生命周期及一定的约束条件等特征。

（2）工程建设项目是指按照一个总体设计进行施工，由一个或几个相互有内在联系的单项工程所组成，实行统一的造价核算，统一的管理，一个工程建设项目要求在限定的投资、限定的工期、规定的质量标准和安全标准的条件下实现项目的目标。

工程建设项目具有项目的一次性，项目目标的明确性和管理对象的整体性。因此，建设项目的特征一是投资巨大，建设周期长；二是按照一个总体设计而建设；三是实行统一管理，统一核算。

项目目标一般包括项目成果性目标（即功能性要求）和约束性目标（即约束条件），对项目的管理就是通过对约束性目标的有效控制，实现其成果性目标。

1.2　项目管理

（1）项目管理是指在建设项目的生命周期内，用系统工程的理论、观点、方法，在一定约束条件下，进行项目的计划、决策、组织、协调与控制，实现项目成果性目标的管理性活动。要求具有针对性、系统性、科学性、严密性。项目管理的内容是对约束条件进行控制，即投资控制、进度控制、质量控制、安全控制、合同管理和协调各方关系，其特点是：一是具有特定的管理程序；二是以项目经理为中心；三是应用现代化管理方法和技术手段；四是在管理过程中实行动态管理。

（2）项目管理的重要特征是具有明确的目标，项目管理的目标和项目目标是密切统一一体，项目管理的目标就是在限定的时间、限定的资源、规定的质量标准内，高效率地、安全地实现项目法人或业主规定的项目成果性目标。

建设项目管理是以建设项目为对象，将建设项目的目标分解为工期目标、投资目标、质量目标和安全目标，对其进行有效地计划、组织、协调和控制，以达到项目目标，即实现目标控制。

1.3　建设项目的分类

（1）建设项目的分类

工业建设项目大、中、小型划分标准和非工业建设项目大、中型划分标准分别见表1-1、表1-2。

建设项目分类 ⎰ 按建设性质分类 ⎰ 基本建设项目（新建、扩建、迁建、恢复项目）
　　　　　　　　　　　　　　　更新改造项目（挖潜、节能、安全、环境）
　　　　　　　　按投资作用分类 ⎰ 生产建设项目（工业建设、农业建设、基础设施、商业建设）
　　　　　　　　　　　　　　　非生产建设项目（办公建筑、居住建筑、公共建筑、其他建设）
　　　　　　　　按项目规模分类 ⎰ 大型 ⎰ 能源、交通、原材料5000万元以上，其他3000万元以上
　　　　　　　　　　　　　　　中型
　　　　　　　　　　　　　　　小型（能源、交通、原材料5000万元以下，其他3000万元以下）

表1-1　　　　　　　　　　工业建设项目大、中、小型划分标准

部门	项目	计算单位		大型	中型	小型
钢铁企业	钢铁联合企业	年产钢	万t	≥100	10～100	<10
	特殊钢厂	年产钢	万t	≥50	10～50	<10
	独立炼铁厂	年产钢	万t	≥100	20～100	<20
	独立铁矿厂	年产铁矿	万t	≥200	60～200	<60
	其他黑色金属工业	总投资	万元	≥5000	2000～5000	<2000
有色金属工业	有色联合企业					
	镍联合企业	年产金属镍	万t	≥3	0.5～3	<0.5
	其他重金属联合企业	年产金属	万t	≥2	0.8～2	<0.8
	采选厂					
	砂矿	年产选矿石	万t	≥200	100～200	<100
	脉矿	年产选矿石	万t	≥100	20～100	<20
	氧化铝厂	年产氧化铝	万t	≥20	5～20	<5
	常用金属冶炼电解厂	年产金属	万t	≥3	1～3	<1
	常用金属加工厂					
	重金属加工厂	年产加工材	万t	≥3	0.5～3	<0.5
	轻金属加工厂	年产加工材	万t	≥2	0.3～2	<0.3
	其他有色金属工业	总投资	万元	≥5000	1000～5000	<1000
煤炭工业	煤炭矿区	年产原煤	万t	≥500	200～500	<200
	独立洗煤厂	年产洗精煤	万t	≥120	30～120	<30
	其他煤炭工业	总投资	万元	≥5000	1000～5000	<1000
石油工业	油、气田开发			根据具体情况确定		
	炼油厂	年加工原油	万t	≥250	50～250	<50
	跨省长距离输油、气管线			均为大、中型项目		
化学工业	合成氨厂	年产合成氨	万t	≥15	4.5～15	<1.5
	硫酸厂	年产硫酸	万t	≥16	8～16	<8
	烧碱厂	年产烧碱	万t	≥3	0.75～3	<0.75
	纯碱厂	年产纯碱	万t	≥40	4～40	<4
	磷肥厂	年产磷肥	万t	≥50	20～50	<20
	乙烯厂	年产量	万t	≥4	2～4	<2
	化学纤维单体	年产单体	万t	≥4	0.5～4	<0.5
	合成橡胶厂	年产量	万t	≥3	0.5～3	<0.5
	塑料厂	年产量	万t	≥3	1～3	<1

续表

部　门	项　目	计算单位		大　型	中　型	小　型
化学工业	橡胶轮胎加工厂	年产量	万套	≥100	20～100	<20
	农药厂	年产量	万t	≥3	0.3～3	<0.3
	磷矿	年产量	万t	≥100	30～100	<30
	硫铁矿	年产磷矿	万t	≥100	20～100	<20
	化工联合企业	年产硫铁矿	万t	三个品种都达到中型标准即为大型		
	其他化学工业	总投资	万元	≥5000	1000～5000	<1000
电力工业	电站	装机单机容量	万kW	≥25	2.5～25	<2.5
	送变电工程	电压等级	万V	≥33	22和11，且线路长≥250km	<11，且线路长<250km
机械工业	冶金矿山设备	年产量	万t	≥2	0.5～2	<0.5
	石油化工设备	年产量	万t	≥2	0.5～2	<0.5
	工程机械	年产量	万t	≥2	0.5～2	<0.5
	发电设备、大电机厂	年产量	万kW	≥100	30～100	<30
	通用设备厂	总投资	万元	>3000	1000～3000	<1000
	汽车厂	年产量	万辆	一般汽车≥5	0.5～5	<0.5
				重型汽车≥0.3	0.1～0.3	<0.1
	拖拉机厂	年产量	万台	轮胎式≥2	0.5～2	<0.5
				履带式≥1	0.1～1	<0.1
	柴油机厂	年产量	万马力	≥100	300～100	<30
	其他机械工业	总投资	万元	≥2000	1000～2000	<1000
森林工业	木材产运林区	年产木材	万m³	均为大、中型项目		
	独立森林局	年产木材	万m³	≥30	15～30	<15
	其他森林工业	总投资	万元	≥5000	1000～5000	<1000
建材工业	水泥厂	年产量	万t	≥100	一般水泥20～1000	<20
					特种水泥≥5	<5
	平板玻璃厂	年产量	万箱	≥100	50～100	<50
	玻璃纤维厂	年产量	万t	≥0.5	0.1～0.5	<0.1
	石膏石矿	年产量	万t	≥100	50～100	<50
	石棉矿	年产量	万t	≥1	0.1～1	<0.1
	石墨矿	年产量	万t	≥1	0.3～1	<0.3
	石膏矿	年产量	万t	≥30	10～30	<10
	其他建材工业	总投资	万元	≥5000	1000～5000	1000

续表

部　门	项　　目	计算单位		大　型	中　型	小　型
轻工业	化学纤维厂	年产量	万 t	单体≥4	0.5～4	<0.5
				长丝≥0.8	0.3～0.8	<0.3
				短丝≥4	0.6～4	<0.6
	棉纺织厂	棉纺锭	万枚	≥10	5～10	<5
	印染厂	年产量	亿 m	≥1	0.5～1	<0.5
	造纸厂	年产量	万 t	≥3	1～3	<1
	制糖厂	日处理原料	万 t	≥0.1	0.05～0.1	<0.05
	盐场	年产量	万 t	精盐≥100	20～100	<20
				井、矿盐≥30	10～30	<10
	毛纺、麻纺、绢纺	纺锭	万枚	≥1	0.5～1	<0.5
	合成脂肪酸	年产量	万 t	≥2	0.5～2	<0.5
	合成洗涤剂厂	年产量	万 t	≥2	1～2	<1
	手表厂（新建）	年产量	万只	≥100	40～100	<40
	缝纫机厂（新建）	年产量	万架	≥50	15～50	<15
	自行车厂（新建）	年产量	万辆	≥100	30～100	<30
	塑料制品	年产量	万 t	≥1	0.5～1	<0.5
	其他轻工业（包括医疗机械）	总投资	万元		≥1000	

注　1. 国防工业和国防科研的矿山项目，可参考冶金矿山标准，其他工厂建设暂按其他机械工业标准试行。

　　2. 国务院国发[1987]23号文中规定：能源项目指煤炭、石油、电力和节能项目；交通项目指铁道、公路、邮电、民航项目；原材料工业项目指钢铁、有色、黄金、化工、石油化工、森工、建材等项目。大型超高压工程单独列项。中型的，凡直接配合发电的，作为电站的单项工程；凡是公用的，不论几条，都按地区或电网为一个项目。

　　3. 1 马力=735.5W。

表 1-2　　　　　　　　　　　　**非工业建设项目大、中型划分标准**

部　门	项　目	计　算　单　位	大、中型
农业林业 水利水产	水库	库容　亿 m³	≥1
	灌溉业林业	受益面积　万亩	≥50
	其他水利工程	总投资　万元	≥2000
	渔业基地	容纳渔轮　艘	≥50
	水产冷库	冷藏制冷能力（各）　万 t	≥0.5
		冷藏　万 t	≥1
	其他农林水产	总投资　万元	≥1000
交通邮电	铁路	新建干线、支线、地铁	
		地方铁路长度额　km	≥100
		货运量　万 t	≥50
		新、扩建国防、边防和跨省干线长度　km	≥200
	公路	独立公路大桥　m	≥1000
	港口	新、扩建，海港年吞吐量　万 t	≥100
		新、扩建，河港年吞吐量　万 t	≥200
		修船厂和修造船厂总投资（指有船坞滑道者）　万元	≥5000
	民航	新、改建机场总投资　万元	≥5000
	邮电	跨省长途电信电线长度　km	≥500
		跨省长途通信微波长度　km	≥1000
		其他邮电建设总投资　万元	≥5000

部　门	项　　目	计　算　单　位		大、中型
商业外贸粮食物资的仓储	火药库	建筑面积	万 m²	≥3
	粮食中转库	库容	万 t	≥7.5
	石油库	库容	万 m³	≥5
	冷库	储藏能力	万 t	≥1
	其他仓储	总投资	万元	≥1900
文教卫生计量科研	高等院校	新建，学员	名	≥3000
	医院、疗养院	新建，床位	个	≥700
	广播台站	总投资	万元	≥1000
市政工程	独立水厂	新、扩建，日供水	万 t	≥11
	煤气厂（液化石油气厂）	新、扩建，日供气	万 m³	≥30
	公用事业建设	总投资	万元	≥1000

1.4　工程建设项目管理体制

（1）工程建设项目管理体制是投资管理体制的一部分，是对投资运动过程（包括筹集、分配、运用和回收增值）的管理。

工程建设项目管理是指工程建设项目在立项后，对投资运动过程的管理，包括设计、招标、施工及竣工验收、缺陷责任期的全过程管理。

（2）建设管理体制因国情不同而各国相异，我国为公有制国家，政府投资的项目规模较大，在改革开放以来，投资主体向多元化发展，因此建设管理体制具有中国特色，对由政府投资的项目，为了确保投资的效果，避免无谓浪费，执行严格的审批程序；对建设项目的经济效益、建设布局、对国民经济发展计划的适应性、环境保护和城市规划等公共利益进行严格的审查。并且在项目管理上实行项目法人负责制、资本金制、招投标制、工程监理制和合同管理制。

2　工程建设项目管理体制的改革

2.1　工程建设项目管理体制改革的方向

（1）项目法人责任制、资本金制、招标投标制、工程建设监理制、合同管理制，简称工程项目建设管理"五制"，是随着我国改革开放，吸收国外的先进管理经验和总结我国基本建设实践经验而逐步形成的，是与建立社会主义市场经济相适应的。

（2）改革开放以前我国长期执行的是计划经济，按照国家的长远规划和五年计划统一布点建设，组织筹建单位、设计单位、施工单位均由国家计划安排，资金由国家财政拨款，所需设备、材料由国家按计划统一分配，职工工资等级及调整执行国家统一规定。项目建成投产后，产品由国家统一定价，销售收入，企业按规定开支后，全部上缴国家财政，无需还本，更没有付息的问题，这种模式在 20 世纪五、六十年代起过较好的作用，国民经济得到迅速恢复和发展。但是随着国民经济发展，这种政企不分、权力过于集中的经济管理体制的弊病逐渐暴露出来，由政府投资的钱，你批钱、他给钱、我只管花钱，花多少均与企业、职工利益无关，形成了概算超过估算、预算超过概算、决算超过预算的"三超"现象。投资、进度、质量目标得不到很好控制，致使我国工程建设的水平和投资效益得不到提高。

1978 年中国共产党第十一届三中全会提出了要"对经济管理体制和经营管理方法着手进行认真的改革"。党的十一届四中全会通过了"中共中央关于加快农业发展若干问题的决定"，提出发展社会主义商品经济，实行政企职责分开，建立多种经济形式的经济责任制。党的十四大确立了建立社会主义市场经济体制的改革总目标，走上了市场经济法制轨道，使工程项目建设管理体制日趋完善。1995 年 9 月 28 日党的十四届五中全会通过的《中共中央关于制定国民经济和社会发展"九五"计划和 2010 年远景目标的建议》指示："完成国民经济建设的主要任务，在制定国家中长期计划中，必须切实体现的一项要求是：要明确投资主体，建立严格的投资决策责任制、强化投资风险约束机制、谁投资谁决策谁承担风险。全面推行建设项目法人责任制和招投标制，把市场经济竞争机制引入投资领域。"

2.2　工程建设项目管理体制改革的内容

（1）项目法人责任制。

1）项目法人。

我国投资管理体制改革中，确立了企业是投资的基本主体，国家计委于 1992 年颁发《关于建设项目实行业主责任制的暂行规定》，1994 年实施的《中华人民共和国公司法》，国家计委于 1996 年 4 月 6 日以计建设 [1996] 673 号文印发的《关于实行建设项目法人责任制的暂行规定》（见附件 1），要求国有单位经营性基本建设大中型项目在建设阶段必须组建项目法人。项目法人可按《公司法》的规定设立有限责任公司（包括国有独资公司）和股份有限公司形式。由项目法人对项目的策划、资金筹措、建设实施、生产经营、债务偿还和资产的保值增值，实行全过程负责，并享有相应利益，实行债、权、利相统一的项目法人责任制。项目法人责任制是一种投资责任约束机制，是项目建设管理"五制"的主体和核心。

建设单位不等同于项目法人，建设单位只是接受项目法人委托，代表项目法人对工程建设进行管理的机构。

2）项目法人的设立。

a. 项目建议书批准后，主要由投资方派代表组建项目法人筹备组。

b. 在申报可行性研究报告时，须同时提出公司的组建方案和投资协议，凡没有公司组建方案的可行性研究报告不予以审批。

c. 可行性研究报告批准后正式组建公司。

d. 公司成立以后，国家重点建设项目的公司章程须报国家计委备案。其他项目的公司章程按项目隶属关系分别报有关部门、地方计委备案。

e. 由原有企业负责建设的基建大中型项目，需新设立子公司的，要重新设立项目法人，只设分公司或分厂的，原企业法人即是项目法人，原企业法人应向分公司或分厂派遣专职管理人员，并实行专项考核。

3）项目法人的组织形式。

项目投资方所组建的独资公司、控股或参股有限公司、股份有限公司、按照《公司法组建股东会、董事会和监视会》，在建设期间至少有一名董事驻现场。

4）项目法人责任制的作用。

a. 由于明确了由项目法人承担投资风险，因而强化了项目法人及投资方和经营方的自我约束机制，对控制工程投资、工程质量和建设进度起到了积极的作用。

b. 项目法人既负责建设又负责建成后的经营和还贷，把建设的责任和生产经营的责任密切结合起来，从而较好地克服了基建管花钱、生产管还钱，建设与生产经营相互脱节的弊端。

c. 可以促进招标投标工作、建设监理工作、合同制等基本建设管理制度的健康发展，提高投资效益。

5）项目法人的责、权、利。国家计委在《规定》中规定了建设项目董事会的职权有：

a. 负责筹措建设资金。

b. 审核、上报项目初步设计和概算文件。

c. 审核、上报年度投资计划并落实年度资金。

d. 提出项目开工报告。

e.研究解决建设过程中出现的重大问题。

f.负责提出项目竣工验收申请报告。

g.审定偿还债务计划和生产经营方针，并负责按时偿还债务。

h.聘任或解聘项目总经理，并根据总经理的提名，聘任或解聘其他高级管理人员。

国家计委在《规定》中还规定了项目总经理的职责。

6）公司在项目运行各个阶段的工作内容。

内容为项目决策阶段（可研报告批准之前）、项目准备阶段（开工报告批准之前）、项目建设阶段（投入商业运行之前）和营运阶段（投入商业运行后及详细工作内容。

（2）资本金制。

1）资本金制是深化投资体制改革的需要。

资本金制是一种投资风险约束机制，能够有效地控制投资规模，提高投资效益，促进国民经济持续、快速、健康发展。国务院以国发［1996］35号文发出了《关于固定资产投资项目试行资本金制度的通知》（见附件2），明确从1996年开始，对各种经营性投资项目，试行资本金制度，投资项目必须首先落实资本金才能进行建设。资本金是投资者认缴的非债务性资金，不发生利息，可按其出资比例依法享有权益，也可以转让其出资，但不得以任何方式抽回。

公益性项目不实行资本金制度。

2）资本金的来源。资本金可以用货币，也可以用实物、工业产权、非专利技术、土地使用权作价，其中工业产权、非专利技术作价的比例不得超过投资项目资本金总额的20%，国家对采用高新技术成果有特别规定的除外。投资者以货币方式缴的资本金，其资金来源有：

a.各级人民政府的财政预算内资金、国家批准的各种专项建设基金、"拨改贷"和经营性基本建设基金回收的本息、土地批租收入、国有企业产权转让收入、地方人民政府按国家有关规定收取的各种规费及其预算外资金。

b.国家授权的投资机构及企业法人的所有者权益（包括资本金、资本公积金、盈余公积金和未分配利润，股票上市收益资金等）、企业折旧资金以及投资者按照国家规定从资金市场上筹措的资金。

c.社会个人合作所有的资金。

d.国家规定的其他可以用作投资项目资本金的资金。

3）资本金比例：是指资本金占投资项目固定资产动态总投资与铺底流动资金之和的比例，根据不同行业和项目的经济效益等因素确定，国务院的规定如下：

a.交通运输、煤炭项目，资本金比例为35%及以上。

b.钢铁、邮电、化肥项目、资本金比例为25%及以上。

c.电力、机电、建材、化工、石油加工、有色、轻工、纺织、商贸及其他行业的项目，资本金比例为20%及以上。

投资项目资本金的具体比例，由项目审批单位根据投资项目的经济效益以及银行贷款意愿和评估意见等情况，在审批可行性研究报告时核定。经国务院批准，对个别情况特殊的国家重点建设项目，可以适当降低资本金比例。

4）投资项目的资本金一次认缴，并根据批准的建设进度按比例逐年到位，并存入主要贷款银行，资本金不到位，不发给投资许可证，金融部门不予以贷款。

（3）招标投标制。

1）招投标制是建设项目管理体制的重要内容。

招投标制是项目法人运用竞争性交易方式，择优选择设计、施工、设备、材料供应、监理单位的一种制度，有利于提高投资效益。国家计委以建设［1997］1466号文印发了《国家基本建设大中型项目实行招标投标暂行规定》。《中华人民共和国招标投标法》（见附件3）已经第九届全国人民代表大会常务委员会第十一次会议通过，从2000年1月1日起实行。

2）《招标投标法》使建筑市场步入法制管理。

　　为了保护国家的社会公共利益以及招标投标当事人的合法权益，使招投标活动遵循公开、公平、公正和诚实信用的原则，"招标投标法"不仅规定了招标和投标的程序和要求，规定了评标的方法，此外还规定了招投标当事人的法律责任，要求招投标活动及其当事人接受法律的监督，对各种违规行为的处罚分别做出了规定。

　　（4）工程建设监理制。

　　工程建设监理制是建设项目管理体制的重要制度。工程项目建设监理制度是借鉴国际工程项目管理经验，促进工程建设管理水平提高，保障工程质量和投资效益的重要措施。工程项目建设监理是指依法注册建立的社会监理单位接受项目法人的委托和授权，根据国家的法律法规、工程项目建设批准文件和监理合同以及其他合同文件对工程项目建设过程实施监督和管理。工程监理的中心任务是对投资、进度、质量和安全四大目标实施控制，其基本方法是目标规划、动态控制、组织协调、信息管理、合同管理。

　　1988年7月建设部发出《关于开展建设监理工作的通知》，1989年7月28日颁发了《建设管理试行规定》，建设部在1992年相继出台了《工程建设监理单位资质管理试行办法》、《监理工程师资格考试和注册试行办法》、《关于发布工程建设管理费有关规定的通知》，经过十多年的实践，初步形成了一套法律、法规。1995年建设部和国家计委以建监〔1995〕737号文联合颁发了《工程建设监理规定》（见附件4）。从此工程监理制步入全面推行阶段。

　　1997年11月1日第91号主席令，公布了《中华人民共和国建筑法》（见附件5），在"建筑法"中设专用章节对建设监理作了规定：

　　1）国家推行建筑工程监理制。国务院也可以规定试行强制监理的建筑工程的范围。

　　2）实行监理的建筑工程，由建设单位委托具有相应资质条件的工程监理单位。建设单位与其委托的工程监理单位应当订立书面委托监理合同。

　　3）建设工程监理应当依照法律、行政法规及有关的技术标准、设计文件和建筑工程承包合同，对承包单位在施工质量、建设工期和建设资金使用等方面，代表建设单位实施监督。

　　工程监理人员认为工程施工不符合工程设计要求，施工技术标准和合同约定的，有权要求建筑施工企业改正。

　　工程监理人员发现工程设计不符合建筑工程质量标准或合同约定的质量要求的，应当报告建设单位，要求设计单位改正。

　　4）实施建筑工程监理前，建设单位应当将委托的监理单位、监理的内容及监理权限，书面通知被监理的建筑施工企业。

　　5）工程监理单位应当在其资质等级许可的监理范围内，承担工程监理业务。

　　工程监理单位应当根据建设单位的委托、客观、公正地执行监理任务。

　　工程监理单位与被监理工程的承包单位以及建筑材料、建筑配件和设备供应单位不得有隶属关系或者其他利害关系。

　　工程监理单位不得转让工程监理业务。

　　6）工程监理单位不按照委托监理合同的约定履行监理义务，对应当监督检查的项目不检查或者不按照规定检查，给建设单位造成损失的，应当承担相应的赔偿责任。

　　工程监理单位与承包单位串通，为承包单位谋取非法利益，给建设单位造成损失的，应当与承包单位承担连带赔偿责任。

　　2000年1月30日国务院第279号令发布了《建设工程质量管理条例》（见附件6）规定下列工程必须实行监理：

　　a. 国家重点建设工程。

　　b. 大中型公用事业工程。

　　c. 成片开发建设的住宅小区工程。

　　d. 利用外国政府或者国际组织贷款、援助资金的工程。

e.国家规定必须实行监理的其他工程。

2001 年 1 月 17 日建设部 86 号令发布《建设工程监理范围和规模标准规定》（见附件 7），对上述实行监理的具体范围和规模标准作了规定。

（5）合同管理制。

1）合同是在市场经济条件下约束和规范合同双方行为的重要依据。合同是平等主体的自然人、法人、其他组织之间设立、变更、终止民事权利与义务关系的协议。政企分开以后，工程建设项目法人与参与建设各方的关系，是通过合同确立的。

2）《中华人民共和国合同法》已在 1999 年 3 月公布，它对保护合同当事人的合法权益，维护社会主义经济秩序，促进社会主义现代化建设起着重要的作用。

3）合同法的基本原则是平等原则，自愿原则、公平原则、诚实信用原则、合法原则。所称合法就是当事人订立、履行合同，应当遵守法律、行政法规、尊重社会公德，不得扰乱社会经济秩序、损害社会公共利益。有效合同受法律保护；不合法，不符合社会公共利益的合同，是无效合同，不受法律保护。

3　工程项目建设程序

3.1　建设程序与建设程序阶段划分

（1）建设程序。

是指建设项目从设想、选择、评估、决策、设计、施工到竣工验收、投入生产整个过程中，各项工作必须遵守的程序。所有工程项目尽管都有着自己的寿命阶段和周期，都有单件性和一次性的特点，但都应遵守科学的建设程序。我国工程项目建设程序是随着我国社会主义建设的进行而逐步建立、发展起来的，并随着我国经济体制改革的深入进一步完善。

1978 年明确规定项目建设经过如下阶段：编制项目建议书进行选址、批准后进行勘察设计；初步设计审批后列入国家年度计划，组织施工，进行验收后交付使用。

1979 年决定建立建设项目开工报告制度。

1981 年规定，对利用外资和引进技术项目，要编制可行性研究报告。

1983 年规定，国内项目也试行项目建议书和编制可行性研究报告。

1984 年规定，实行项目建议书和设计任务书审批制度，对利用外资和引进技术项目以可行性研究报告代替设计任务书。

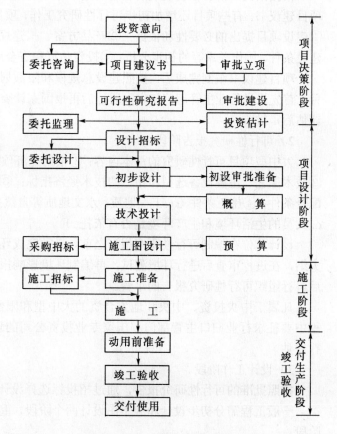

图 1-1　我国工程项目建设程序框图

1991 年规定，将国内投资项目的设计任务书和利用外资项目的可行性研究报告统一称为可行性研究报告，取消设计任务书的名称。

目前我国工程项目建设程序如图 1-1 所示。

由图 1-1 可知，目前我国建设程序与计划经济体制下的建设程序相比，发生了不少变化：

1）在项目决策阶段实施工程项目咨询评估制，使得项目决策进一步科学化、民主化。

2）实行了建设监理制。目前普遍的做法是在施工阶段实行了建设监理制，有的业主还要求对设计阶段实行建设监理制。目前对监理的委托，也是通过招标投标选定的。还有的业主要求从项目决策开始实现全过程监理。

3）实行了招标投标制。目前在委托设计时，以及对设备材料的采购，对施工单位的选用等均采用了招标方式，选用资格合格、具有良好业绩，能达到使业主满意的服务单位，并订立施工承包合同。

（2）水电工程项目建设程序。

我国水电建设项目正向着高参数、大容量的方向发展，具有投资大、工期长、技术复杂的特征，它是由若干单位工程组成的统一整体，需要统一指挥、统一核算。因此水电工程项目建设要求执行严格的程序，详见框图（见图 1-2）。

由图中可知，水电工程项目建设程序基本上和一般工程的建设程序相同，都是由项目决策阶段、项目设计阶段、施工阶段、竣工验收交付生产阶段组成，但各阶段的工作内容较之一般工程项目要广泛的多，要求严格的多。

（3）工程项目建设程序各阶段的工作内容。

1）项目建议书阶段。

根据国民经济和社会发展的长远规划、行业规划、地区规划，经过研究和预测分析后，提出项目建议书。有些项目还增加初步可行性研究工作，项目建议书内容有简有繁，一般有如下内容：①建设项目提出的必要性和依据；②产品方案、拟建规模、建设地点的初步设想；③资源情况、建设条件、协作关系等的初步分析；④投资估算和资金筹措设想；⑤经济效益和社会效益的估计。

项目建议书编制完成后，按照建设总规模和限额划分审批权限报批，对大中型或限额以上项目，首先报送行业主管部门初审，通过后再报国家计委，由国家计委委托有资格的工程咨询单位评估后审批。

2）可行性研究报告阶段。

大中型项目可行性研究的基本内容：①根据经济预测、市场预测确定的建设规模、产品方案；②技术工艺、主要设备选型和相应的技术经济指标；③资源、原材料、动力、运输、供水等协作配合条件；④施工条件（a.工程地质、水文地质等自然条件是否可靠；b.电、运输条件是否落实；c.人员的生活环境和生产环境是否有依托。）

设计单位在编制可行性研究报告之前，必须完成环境评价工作。环评报告首先编制环境评价大纲，在进行审查后进行环境测试，再编制环境影响报告书，报环保部门审查。在通过环保审查后再行组织可行性研究报告的审查。

凡属于中央投资、中央和地方合资的大中型和限额以上项目，报送国家计委审批，审批过程中要征求行业归口主管部门和国家专业投资公司的意见，同时委托有资格的工程咨询公司进行评估。

3）设计工作阶段。

按照批准的可行性研究报告，通过招投标选择设计单位。

一般工程需分初步设计和施工图设计两个阶段，重大项目和技术复杂的项目可增加技术设计阶段。

初步设计的主要内容包括：①设计依据和设计指导思想；②建设规模；③工艺流程、主要设备选型和配置；④主要建筑物、构筑物、公用辅助设施和生活区的建设；⑤占地面积和土地使用情况；⑥总体运输；⑦外部协作配合条件；⑧综合利用、环境保护和抗震措施；⑨生产组织、劳动定员和各项技术经济指标；⑩总概算。

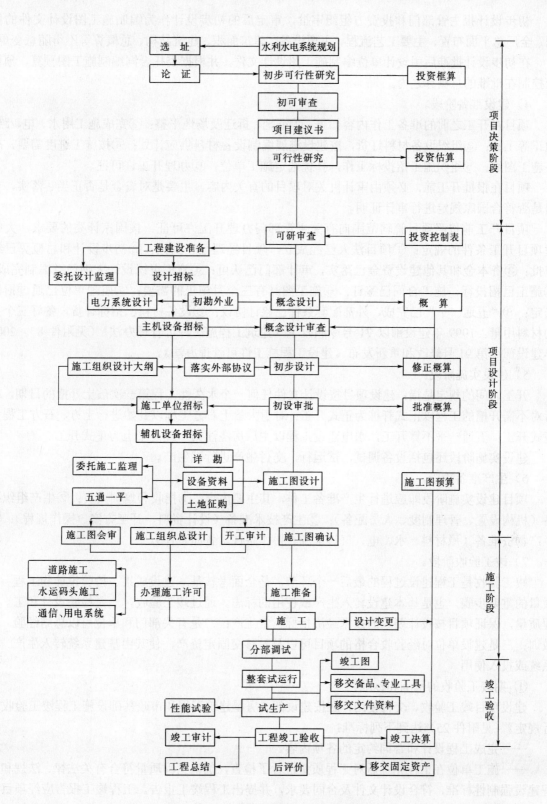

图 1-2　水电工程项目建设程序框图

在完成初步设计阶段中要求完成以下工作：①完成初步勘察工作；②完成主要设备的招标投标工作；③取得城建部门及用地协议；④取得原材料及运输协议；⑤取得用电协议；⑥编制施工组织设计纲要。

初步设计的总概算超过可行性研究报告确定的总投资估算 10%以上的，要重新报批可行性研究报告。

初步设计报主管部门和投资方组织审批，审定后的初步设计作为编制施工图设计文件的依据，全厂总平面布置、主要工艺流程、主要设备、建筑面积、建筑结构、总概算等不得随意变更。

在初步设计批准后由设计单位编制施工图设计文件，并根据委托合同编制施工图预算，预算应控制在批准的总概算之内。

4）建设准备阶段。

项目在开工之前的准备工作内容如下：①征地、拆迁及场地平整；②完成施工用水、电、路、通讯等工程；③组织设备材料订货，按建设进展编制设备材料供应计划；④按施工进度需要，准备施工图纸；⑤组织施工招投标工作，择优选定施工单位；⑥办理开工许可证。

项目在报批开工前，必须由审计机关对项目的有关内容，主要是对资金是否正当、落实，支出是否符合国家规定进行审计证明。

项目开工前按照项目管辖范围向有关主管部门办理开工许可证，按国家计委的要求，大中型项目开工条件的规定：①项目法人已经成立，项目经理已经到位；②初步设计和总概算已经审批；③资本金和其他建设资金已落实，审计部门已认可；④施工组织设计大纲已经编制完成；⑤施工已招投标，施工合同已签订；⑥施工图具有三个月施工的需要；⑦监理单位已通过招标选定；⑧"五通一平"已完成，外部配套条件已签订协议；⑨设备材料已招标订货，备好三个月的材料用量。1999 年建设部以 71 号令颁发了《建筑工程施工许可管理办法》（见附件 8）。2001年建设部令第 91 号修改和重新发布《建设工程施工许可管理办法》。

5）建设实施阶段。

开工时间的规定是指：建设项目按设计文件任何一个永久性工程第一次破土开槽的日期，或者对不需开槽的工程以正式打桩为正式开工；对于大量土石方工程以开始进行土方、石方工程为正式开工；五通一平不算开工，水电建设工程以主厂房浇注第一罐混凝土为正式开工。

建设实施阶段还包括设备调试，试运行，交付生产进行试生产。

6）生产准备阶段。

项目建设实施阶段即应进行生产准备工作，其主要内容：①招收和培训人员；②生产组织准备（机构设置、管理制度、人员配备）；③生产技术准备（设计资料、开工方案、操作规程）；④生产物资准备（原材料、水、电、气等来源、协作条件，备品备件）。

7）竣工验收阶段。

竣工验收是工程建设过程的最后一个环节，是全面考核基本建设成果、检验设计和工程质量的重要步骤，也是基本建设转入生产或使用的标志。通过竣工验收，一是检验设计和工程质量，保证项目按设计要求的技术经济指标正常生产；二是有关部门和单位可以总结经验教训；三是建设单位对经验收合格的项目可以及时移交固定资产，使其由基建系统转入生产系统或投入使用。

① 期竣工验收的范围和标准。

建设项目竣工验收、交付使用，应按建设部《房屋建筑工程和市政基础设施工程竣工验收暂行规定》（见附件 25）达到下列标准：

——完成工程设计和合同约定的各项内容。

——施工单位在工程完工后对工程质量进行了检查，确认工程质量符合有关法律、法规和工程建设强制性标准，符合设计文件及合同要求，并提出工程竣工报告。工程竣工报告应经项目经理和施工单位有关负责人审核签字。

——对于委托监理的工程项目，监理单位对工程进行了质量评估，具有完整的监理资料，并提出工程质量评估报告。工程质量评估报告应经总监理工程师和监理单位有关负责人审核签字。

——勘察、设计单位对勘察、设计文件及施工过程中由设计单位签署的设计变更通知书进行了检查，并提出质量检查报告。质量检查报告应经该项目勘察、设计负责人和勘察、设计单位有关负责人审核签字。

——有完整的技术档案和施工管理资料。

——有工程使用的主要建筑材料、建筑构配件和设备的进场试验报告。

——建设单位已按合同约定支付工程款。

——有施工单位签署的工程质量保修书。

——城乡规划行政主管部门对工程是否符合规划设计要求进行检查，并出具认可文件。

——应公安、消防、环保等部门出具的认可文件或者准许使用文件。

——建设行政主管部门及其委托的工程质量监督机构等有关部门责令整改的问题全部整改完毕。

有的基本建设项目（工程）基本符合竣工验收标准，只是零星土建工程和少数非主要设备未按设计的内容全部建成，但不影响正常生产，亦应办理竣工验收手续。对剩余工程，应按设计留足投资，限期完成。有的项目投产初期一时不能达到设计能力所规定的产量，不应因此拖延办理验收投产和移交固定资产手续。国家规定，已具备竣工验收条件的项目（工程），三个月内不办理验收投产和移交固定资产手续的，取消企业和主管部门（或地方）的基建试车收入成分，由银行监督全部上交财政。如三个月内办理竣工验收确有困难，经验收主管部门批准，可以适当延长期限。

② 申报竣工验收的准备工作。建设单位应认真做好竣工验收的准备工作，主要有：

——整理技术资料。

——绘制竣工图纸。

——编制竣工决算。

③ 竣工验收的程序和组织。按国家现行规定，建设项目的验收阶段根据规模的大小和复杂程度可分为初步验收和竣工验收两个阶段进行。规模较大、较复杂的建设项目（工程）应先进行初验，然后进行全部建设项目（工程）的竣工验收。规模较小、较简单的项目（工程），可以一次进行全部项目（工程）的竣工验收。验收程序按"竣工验收暂行规定"如下：

a. 工程完工后，施工单位向建设单位提交工程竣工报告，申请竣工验收。实行监理的工程，工程竣工报告须经总监理工程师签署意见。

b. 建设单位收到工程竣工报告后，对符合竣工验收要求的工程，组织勘察、设计、施工、监理等单位和其他有关方面的专家组成验收组，制定验收方案。

c. 建设单位应当在工程竣工验收 7 个工作日前将验收的时间、地点及验收组名单书面通知负责监督该工程的工程质量监督机构。

d. 建设单位组织工程竣工验收：

——建设、勘察、设计、施工、监理单位分别汇报工程合同履约情况和在建设各个环节执行法律、法规和工程建设强制性标准的情况。

——审阅建设、勘察、设计、施工、监理单位的工程档案资料。

——实施查验工程质量。

——对工程勘察、设计、施工、设备安装质量和各管理环节等方面作出全面评价，形成经验收组人员签署的工程竣工验收意见。

参与工程竣工验收的建设、勘察、设计、施工、监理等各方不能形成一致意见时，应当协商提出解决的方法，待意见一致后，重新组织工程竣工验收。

负责监督该工程的工程质量监督机构应当对工程竣工验收的组织形式、验收程序、执行验收标准等情况进行现场监督，发现有违反建设工程质量管理规定行为的，责令改正，并将对工程竣工验收的监督情况作为工程质量监督报告的重要内容。

大、中型和限额以上项目由国家计委或由国家计委委托项目主管部门、地方政府组织验收；小型和限额以下项目（工程），由项目（工程）主管部门或地方组织验收。竣工验收要根据工程规模大小复杂程度组成验收委员会或验收组。验收委员会或验收组应由银行、物资、环保、劳动、统计及其他有关部门组成。建设单位、接管单位、监理单位、施工单位、勘察设计单位参加验收工作。

验收委员会或验收组负责审查工程建设的各个环节，听取各有关单位的工作报告；审阅工程档案并实地查验建筑工程和设备安装，并对工程设计、施工和设备质量等方面作出全面评价，不合格的工程不予验收；对遗留问题提出具体解决意见，限期落实完成。

建设单位应当自工程竣工验收合格之日起 15 日内，依照《房屋建筑工程和市政基础设施工程竣工验收备案管理暂行办法》的规定，向工程所在地的县级以上地方人民政府建设行政主管部门备案。

④ 竣工和投产日期。投产日期是指经验收合格、达到竣工验收标准、正式移交生产（或使用）的时间。在正常情况下，建设项目的全部投产日期应当同竣工日期是一致的，但实际上有些项目的竣工日期往往晚于全部投产日期，这是因为当建设项目设计规定的生产性工程的全部生产作业建成，经试运转、验收鉴定合格、移交生产部门时，便可算为全部投产，而竣工则要求该项目的生产性、非生产性工程全部建成，投产项目遗留的收尾工程全部完工。

8）后评价阶段。

建设项目后评价是工程项目竣工投产、生产运营一段时间后，再对项目的立项决策、设计施工、竣工投产、生产运营等全过程进行系统评价的一种技术经济活动，是固定资产投资管理的一项重要的内容，也是固定资产投资管理的最后一个环节。通过建设项目后评价以达到肯定成绩、总结经验、研究问题、吸取教训、提出建议、改进工作、不断提高项目决策水平和投资效果的目的。

① 项目单位自我后评价工作的组织。项目单位自我评价由项目单位负责，也叫自评。所有建设项目竣工投产（使用、营运）一段时间以后，都应进行自我评价。

项目后评价是一项复杂细致的系统工程，在开展后评价工作之前，一定要做好各项准备工作，包括组织准备、思想准备和资料准备。

资料准备。后评价既然是复杂、细致的工作，又要求如实反映情况，用事实说话，就必须有详实的资料作后盾，主要资料有：

——前期工作资料。项目建设的前期工作资料包括项目建议书，对项目建议书的评估，可行性研究，对可行性研究的评估等。包括：国家或有关部门批准的项目建议书和土地征用文件、咨询评估的意见、可行性研究报告、对项目可行性研究评估咨询的资料、有关单位对可行性研究的批准文件、初步设计及扩大初步设计、其他关联项目和配套建设项目资料、投资概算及资金来源资料、项目筹建机构的概况、经批准的开工报告。

——设备、材料采购的实施资料。包括：设备采购招标、投标文件（包括议标、评标、定标的资料）、设备采购合同、总承包合同、分包合同及履约率等。

——建设实施阶段资料。包括：设计文件（包括设计变更、投资调整和工程预算资料）、工程招标、投标文件（包括议标、评标资料）、工程合同文件（包括总承包合同、分包合同、采购合同、劳务合同、监理合同等）、建设准备资料、工程中间交工（含隐蔽工程）验收报告和中间评估资料、工程竣工验收报告，财务决算及审计资料，国家验收文件、材料或成品、半成品出厂合格证明和检测资料、工程监理资料及质量监督机关检查评审资料、工程遗留项目及后期续建工程清单。

——涉外项目还应准备涉外方面的资料。包括：询价报价和招标投标文件、谈判协议，议定书及所签订的合同及合同附件、国外各设计阶段的文件及审查议定书、国外设备材料检验及设计联络资料、国外设备储存、运输及开箱检验记录和商检及索赔方面的资料。

——项目竣工验收投产（使用、营运）后的效益资料。包括：生产的成品和半成品的产量、质量及出厂价格资料以及据此计算的定量分析指标如销售收入利税率和成本利税率等、投产（使用、营运）后的效益资料、投产（使用、营运）后的社会效益资料、投产（使用、营运）后的环境效益资料。

② 行业（或地区）主管部门对后评价工作的组织。行业（或地区）主管部门必须配备专人

主管项目后评价工作。首先要进行审查，审查报来的资料是否齐全，自我后评价报告是否实事求是。在进行行业评价时，应组织一些专家学者和熟悉情况的同志深入现场调查研究，写出行业部门的后评价报告。报同级和上级计划委员会和主要投资方。

③ 各级计委或主要投资方对后评价工作的组织。各级计委（或主要投资方）是建设项目后评价工作的组织者、领导者、方法制度的制订者。收到项目单位和行业（或地区）业务主管部门报来的后评价报告后，应根据工作需要选择一些项目列入计划。开展后评价复审工作。也可委托有资格的咨询公司代为组织实施。

后评价的基本方法采用常用的对比法，即对项目前评估时所预计的各项目标与实际发生的情况进行定量、定性比较，从差别和变化中分析原因，找出经验和教训，为改进投资决策管理，完善相关的政策措施，提高科学管理水平服务；为今后建设同类项目提供经验；为完善已建项目，改进在建项目，指导待建项目，以改进管理和提高投资效益。

后评价基本内容如图 1-3 所示。

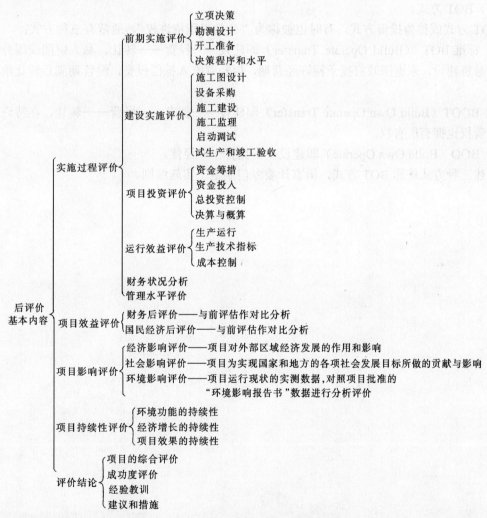

图 1-3　后评价基本内容

3.2　建设项目管理方式

（1）建设单位自管方式。

建设单位自己设置基建机构，负责支配建设资金、办理规划手续及准备场地、委托设计、采购器材、招标施工、验收工程等全部工作。这是我国多年来常用的方式。

（2）工程指挥部管理方式。

在计划经济体制下，由政府主管部门指令各有关方面派代表组成指挥部，这种方式现在已不多采纳了。

（3）EPC 总承包管理方式（亦称交钥匙工程或一揽子方式）。

建设单位仅提出工程项目的使用要求，而将勘测设计、设备选购、工程施工、材料供应、试车验收等全部都委托一家承包公司去做，竣工以后接过钥匙即可启用。

（4）工程托管方式。

建设单位将整个工程项目的全部工作，包括可行性研究、场地准备、规划、勘测设计、材料供应、设备采购、施工监理及竣工验收等全部任务，都委托给工程项目管理专业公司（工程承包发包公司或项目管理咨询公司）去做，由管理专业公司派出项目经理，再进行招标或组织有关专业公司共同完成整个建设项目。

（5）三角管理方式。

由建设单位分别与承包单位和咨询公司签订合同，由咨询公司代表建设单位对承包单位进行管理。这是国际上通行的传统管理方式。

（6）BOT 方式。

BOT 方式或称为投资方式，有时也被称为"公共工程特许权"。通常有三种方式：

1）标准 BOT（Build Operate Transfer）即建设——经营——转让。私人财团或国外财团愿意自己融资建设，东道国政府授予特许经营期，以经营收入抵偿投资，经营期满后转让给东道国政府。

2）BOOT（Build Own Operate Transfer）即建设——拥有——经营——转让，在特许期内既拥有经营权也拥有所有权。

3）BOO（Build Own Operate）即建设——拥有——经营。

上述三种方式统称 BOT 方式，国家计委专门制定了实施细则。

第二章　建设监理制的实施

1　建 设 监 理 的 概 念

1.1　监理与建设监理

（1）监理。

监理，简而言之即监督和管理。根据业主的委托，如果委托监理的职责较宽（俗称大监理），则监理方在对建设行为进行监督和控制的同时，还将执行项目管理的职责。如果业主委托监理的职责较窄，其监理方主要侧重在监理和控制方面，此时"监理"一词中的"理"字指条理、道理、法律、准则，即监理方按着一定的行为规范，对某一行为的主体进行监督、监控、检查和评价。理顺主体的行为和权益的关系。

监理就其性质而言可分为政府监理和社会监理，前者是强制性的，后者则是委托性的。本手册所讨论的问题是社会监理。

（2）建设监理。

建设监理是指对工程建设活动的主体或参与者的建设行为及活动（决策、设计、施工、安装、采购、供应等）进行监督、检查、评价、控制和确认，并通过组织、协调和疏导等方式，使其建设行为符合规范要求，确保其合法性、科学性、合理性、经济性和有效性，实现建设工程的质量，进度、投资和安全目标要求。

1.2　建设监理是工程项目管理体制的组成部分

（1）社会主义市场经济需要有效监督和专门服务行业。

工程建设领域中实行以项目法人责任制为主体的"五制"，同时国家对市场经济各种行为制定了明确的法律、法规，特别在工程建设领域里需要对各方建设行为的规范性进行有效的监督和控制，这种监督不是以盈利为目的的，而是以服务为目的；其次在投资多元化后投资主体需要有一支社会化、专门化的技术队伍为投资方提供专门服务；第三，在建筑市场实施招标投标制后，合同的签订和履行中迫切需要第三方对合同双方出现的纠纷，进行必要的协调和约束。

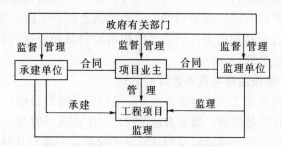

图 2-1　工程项目管理体制关联图

（2）工程项目建设三方管理体制。

在社会主义市场经济条件下，形成了与之相适应的新型工程建设管理体制，这就是由项目业主（发包方）、承建方（承包方）和监理单位（第三方）直接参加的三方管理体制。他们的相互关系如图 2-1 所示。

我国已建立和完善了具有约束和协调机制的市场秩序。在工程实施过程中，为了实现微观的监督和管理，呈现由项目业主、承包商和监理单位组成三方管理体制。监理以"第三方"的角色出现在工程建设的各个过程中，就是在工程建设实施阶段实行的"工程建设监理制"。

1.3　工程建设监理的定义和性质

（1）工程建设监理的定义。

有约束和协调能力的市场秩序，在工程项目决策阶段实施了项目咨询评估制，使得决策科学化、民主化。在项目实施阶段，在市场竞争机制中实施了工程招标投标制。

工程建设监理是指针对具体的工程项目建设，社会化、专业化的工程建设监理单位接受项目业主的委托和授权，依据国家批准的工程项目建设文件和工程建设法律、法规和工程建设委托监理合同以及业主所签订的其他工程建设合同，进行工程建设的微观监督和管理活动，以实现项目投资的目的。

工程建设监理制的实施有利于我国在市场经济条件下，满足项目业主对工程技术服务的社会需求；有利于实现政府的职能转变，强化政府的宏观监督管理；有利于我国建设市场的发展和完善，形成完整的项目组织系统。

（2）工程建设监理的性质——服务性、独立性、公正性、科学性。

工程建设监理是我国建设市场经济时期发展的产物，是"中介"组织、服务机构，是以自己掌握的科学知识、理论和方法，进行有偿的高智能监督、管理和技术服务活动。"服务性"是工程建设监理的第一特征。

从事工程建设监理活动的监理单位，是直接参加项目建设的"三方当事人"之一。与项目业主、承包商之间是平等的主体关系，以独立的专业公司依据监理合同而履行自己的权利和义务的服务方。监理相对于承包商、制造商、供应商，保持行为的绝对独立，不得有人事依附关系和经营管理关系。按照"独立自主"的原则开展监理活动，依照"合同"和"法规"开展工作。工程建设监理的"独立性"是其特征之二。

在监理服务过程中，虽然监理委托合同是受项目业主委托而签订的，为项目业主提供技术服务是理所应当。但是工程监理还是要依据我国工程建设的法律、法规和技术标准、规定进行工作。就是说，工程建设监理既要维护项目业主的合法权益，同时也要依据工程建设法律、法规和技术标准维护承建商的正当权益。由此可见工程建设监理处于第三方时，必须要"公正"地判断和处理问题。"公正"是工程建设监理工程师的职业道德准则，所以"公正""是工程建设监理的特征之三。

工程建设监理单位是以高智能团体服务于社会的，它所服务的对象是技术复杂、技术含量高的工程项目。它所面对的设计、施工、制造都是专业化的单位，因此要求监理单位应具备采用科学的管理、科学的理论、科学的方法和手段，并以高智能的原则组建的专业化团体而提供科技含量高的服务，以实现维护国家利益和公众利益为宗旨。因此"科学性"是工程建设监理的特征之四。

1.4　建设监理与其他管理的区别

在我国工程建设中，为了实现项目的建设目标，有关管理部门和单位从各自不同的角度对项目进行监督管理，如基本建设管理、工程项目管理、总承包管理、工程质量监督、工程咨询等管理活动。但是建设监理有其特定的内涵，不能与其他管理相混淆。

（1）建设监理与基本建设管理的区别，见表2-1。

（2）建设监理与工程项目管理的区别，见表2-2。

（3）建设监理与总承包企业管理的区别，见表2-3。

（4）建设监理与质量监督的区别，见表2-4。

质量监督机构的职能和工作详见建设部建建质［2000］38号《建设工程质量监督机构监督工作指南》（见附件23）。

（5）建设监理与工程咨询的区别。

建设监理和工程咨询有很多共同点，如均属于智力密集性组织，都属于服务性质，而且都不可失去其公正性。因此，工程咨询单位经政府主管监理部门批准可以接受业主委托，承担其工程项目实施阶段的监理任务。但是建设监理与工程咨询本身仍有一定区别。见表2-5。

表 2-1　　　　　　　　　　　　　建设监理与基本建设管理的区别

比较对象 / 区别	建设监理	基本建设管理
层次不同	建设监理是对建设项目参与者的行为和其责、权、利进行必要的协调和约束，保证项目目标实现，属于微观层次管理	基本建设管理是对固定资产投资活动的管理，属于宏观层次管理
性质不同	社会监理	政府强制性管理
内容不同	（1）对工程项目投资决策监理； （2）对工程项目实施过程监理，对其投资、进度、质量和施工安全进行控制	资金筹集，根据国家的人力、物力、财力综合平衡，确定积累率，确定投资方向、投资规模、投资结构，计算投资效益，围绕投资和目标并按国家的基本建设程序进行管理

表 2-2　　　　　　　　　　　　　建设监理与工程项目管理的区别

比较对象 / 区别	建设监理	工程项目管理
基本模式不同	我国的建设监理是一种纵横交叉的模式，它包含有政府管理（纵向）与社会监理（横向）	仅是一种横向的项目组织与管理
性质不同	建设监理是一种新的工程建设管理体制，有建设监理法规	工程管理不是一种体制，是项目目标控制，是项目的科学管理方法，不需要立法
对象不同	服务对象是业主	可以为业主，也可为设计和施工单位以及总承包商提供咨询服务
范围不同	可以包括决策阶段，也可以包括设计和施工的实施阶段的监理	只限于实施阶段的管理

表 2-3　　　　　　　　　　　　　建设监理与总承包企业管理的区别

比较对象 / 区别	建设监理	总承包企业管理
责任不同	监理单位和建设单位签订的是工程监理委托合同，并不直接承担工程建设中进度、造价和质量的经济责任，是存在于工程承包合同之外的独立的第三方，工程建设过程中监督合同执行，体现其公正性和合法性	总承包企业，是建筑产品的直接生产者或经营者，它和建设单位签订的合同是工程总承包合同，承担造价，进度和质量的责任，是承包合同中的乙方
项目风险不同	不承担项目的风险	承担项目的风险
性质不同	以服务为目的	以经营为目的
取得报酬的方式不同	通过有偿技术服务取得报酬，酬金在委托合同中规定	通过经营取得利润，合同中不规定酬金

表 2-4　　　　　　　　　　　　　　建设监理与质量监督的区别

比较对象 区别		建 设 监 理	质 量 监 督
性质不同		服务性机构，受建设单位（业主）委托，代表建设单位，依据委托合同的内容对建设工程进行监理。对建设单位负责	执法机构，代表政府，行使政府职能，对建设工程质量实行强制性监督，并按照国家验评标准，对建设工程提供质量评价报告，对政府负责
深度不同		对工程质量实行的是全过程控制，对规定的每一道工序都要进行检验，强调事前把关，事前检查，预防控制。属于微观监督	着重于施工质量监督，代表政府把好质量关，在工程施工中，对工程的主要部位进行质量监督，属于阶段性宏观监督
广度不同	纵向角度	工作范围也可以包括整个工程建设的全过程，也可以是某一工作阶段	目前一般只限于施工阶段
	横向角度	不仅对工程质量进行监理，而且对工期、造价以及安全等方面进行监理。范围伸缩性大，包括整个项目的目标规划、动态管理、组织协调、合同管理、信息管理	主要是对建设工程各方主体质量行为进行管理，对施工阶段工程质量进行监督管理
执行者不同		社会化专业化监理单位	政府主管部门的质量监督机构
依据不同		依据国家批准的工程项目建设文件、图纸和建设工程监理合同及有关技术标准、规范为依据（合同本身要符合国家法律和规范标准）	依据国家法律、法规和强制性标准
手段不同		主要运用经济手段。如分部分项工程检验不合格，监理工程师不予签字，不承认其工作量，也不支付工程款，这有利于促使受监各方从关心自身的经济利益出发，自觉提高工程质量，保证工程质量和合同的履行	1. 主要运用政府行政手段： 运用巡回抽查方式： 2. 主要运用政府授予的行政手段； （1）开工前办理质量监督登记，未办理不能开工； （2）检查建设各方主体的质量行为（资质、质量文件）； （3）对建设工程实体质量监督、不通过检查不能后续施工； （4）对工程竣工验收监督，发现违规行为责令改正，重新组织验收； （5）出具质量监督报告，办理竣工备案管理
作用不同		根据委托监理合同进行监理，工程结束后，应将有关质量保证资料和评定资料认真进行整理，并交当地质量监督站核验工程质量等级。质量监督与建设监理之间存在着监督与被监督的关系	根据国家验评标准，核定工程质量等级，凡工程所在地质量监督站核验为不合格的工程不得交付使用
责任不同		不仅负有行政责任，而且还要负有经济责任	只负行政责任
要求不同		要实现承包合同，最后达到目标"四控制"	质量监督站核验工程只要满足结构安全和使用功能
收费不同		建设监理是从事智力有偿服务，因此取费标准要比质量监督高，其监理费用是根据委托监理业务的范围、深度和工作性质、规模、难易程度以及工作条件等情况收取，建设监理收费标准是属于指导价；可在规定幅度内由建设监理单位和业主进行面议	质量监督站收费标准是根据工程规模大小；按受监工程的建筑安装工作量的一定比例收取。质量监督费属指令性收费，不存在商定

表 2-5　　　　　　　　　　　　　　　建设监理与工程咨询的区别

比较对象 区　别	建　设　监　理	工　程　咨　询
阶段不同	可以贯穿于建设项目的各个阶段，通常，仅限于建设项目的实施阶段	一般是对工程项目建设决策阶段的可行性研究和技术经济论证，有的可延伸到设计阶段
权限不同	需要业主委托和授权，具有能够对被监理对象的行为进行协调约束的权力，保证业主目标实现	只接受业主委托，无需业主授权。向业主提供工程建设意见、实施方案、技术经济数据等，只属建议性质，无权要求业主必须采纳

2　建 设 监 理 的 实 施

2.1　建设监理的实施程序

工程建设监理一般按以下程序开展（根据业主授权范围及大小，会有所不同）：

（1）进行监理招标，业主通过招标选择资质符合要求、业主满意的监理单位，双方签订监理委托合同，确定监理费用。

（2）监理单位成立项目监理机构并将总监理工程师人选报业主。

（3）监理合同签订后十日内，项目监理机构将总监代表/或常务副总监以及监理工程师和其他工作人员名单报业主备案，并一并报送项目监理机构的组织机构和职责分工，以及所启用的印章书面通知业主。

（4）业主提供项目文件和资料，监理收集工程和地区建设有关资料。

（5）项目监理机构编制监理规划，报业主。

（6）专业监理工程师编制专业监理实施细则，项目监理机构综合工程情况进行建章建制，并将监理作业制度报业主备案。

（7）项目总监下达开工令之前，由业主主持召开监理单位和被监理单位参加的第一次工地会议，宣布项目监理机构的责任、权利和义务。

（8）项目监理机构实施和开展建设监理作业，实施投资控制、进度控制、质量控制和安全文明控制。

（9）参与单位工程的验收和调试，并签署意见。

（10）参与工程的整套试运行和性能试验。

（11）提出工程质量评估报告，参与工程竣工验收和决算。

（12）参加后评价。

（13）监理工作总结。

（14）监理资料整理归档。

以上程序用框图表示如图 2-2 所示。

2.2　工程建设监理实行范围及控制目标

（1）工程建设监理的实行范围。

工程建设监理的实行范围适用于工程项目建设全过程，既适用于工程项目的决策阶段（项目建议书和可行性研究），也适用于工程项目的实施阶段（设计阶段和施工阶段），何时委托监理，根据业主的委托要求和工程具体情况而定。目前业主在决策阶段一般较少委托监理，多数业主在项目实施阶段委托监理，其中设计阶段的监理，国家建设部于 2000 年 2 月 7 日以建设 [2000] 41 号发布《建筑工程施工图设计文件审查暂行办法》（见附件 9）。由于设计审查仅限于施工图设计审查，而且仅限于对成品的审查。对设计过程的控制（包括初步设计）未能触及，因此设计阶段的监理仍属必须。建设部曾在 1999 年 10 月 19 日以建设 [1999] 254 号文颁发《关于工程设计与工程监理有关问题的通知》（见附件 10），规定建设单位可以通过咨询的方式，对勘察设计成果进行评估和优化。要求按照《关于开展项目设计咨询试点工作的通知》(建设〔1999〕208 号文)执行(见附件 11),因此设计阶段的管理,今后将以咨询形式出现。《中华人民共和国建筑法》规定:"工程监理人员发现工程设计不符合建筑工程质量标准或者合同约定的质量要求的,应当报告建设单位要求设计单位改正"。尽管如此,目前监理单位仍可以接受业主的委托对设计阶段进行监理。

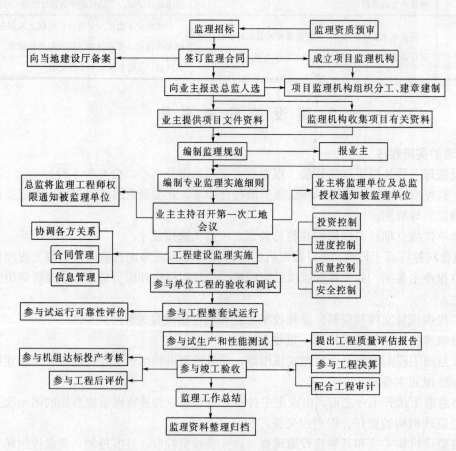

图 2-2　水电工程建设监理程序框图

在项目施工阶段实施监理制,是目前我国最通用的做法,《建筑法》明确要求"国家推行建筑工程监理制度",国务院颁发的 279 号令《建设工程质量管理条例》中明确规定了国家重点工程,大中型公用事业工程、住宅小区工程、国家援助资金等必须实行监理。

(2)建设工程监理范围和规模。

建设部于 2001 年 1 月 17 日依据《建设工程质量管理条例》(见附件 8)发布 86 号令《建设工程监理范围和规模标准规定》(见附件 7),规定如下:

1)下列建设工程必须实行监理:

——国家重点建设工程。

——大中型公用事业工程。

——成片开发建设的住宅小区工程。

——利用外国政府或者国际组织贷款、援助资金的工程。

——国家规定必须实行监理的其他工程。

2)国家重点建设工程,是指依据《国家重点建设项目管理办法》所确定的对国民经济和社会发展有重大影响的骨干项目。

3)大中型公用事业工程,是指项目总投资额在 3000 万元以上的下列工程项目:

——供水、供电、供气、供热等市政工程项目。

——科技、教育、文化等项目。

——体育、旅游、商业等项目。

——卫生、社会福利等项目。

——其他公用事业项目。

4）成片开发建设的住宅小区工程，建筑面积在 5 万 m² 以上的住宅建设工程必须实行监理；5 万 m² 以下的住宅建设工程，可以实行监理，具体范围和规模标准，由省、自治区、直辖市人民政府建设行政主管部门规定。

为了保证住宅质量，对高层住宅及地基、结构复杂的多层住宅应当实行监理。

5）利用外国政府或者国际组织贷款、援助资金的工程范围包括：

——使用世界银行、亚洲开发银行等国际组织贷款资金的项目。

——使用国外政府及其机构贷款资金的项目。

——使用国际组织或者国外政府援助资金的项目。

6）国家规定必须实行监理的其他工程是指：

① 项目总投资额在 3000 万元以上关系社会公共利益、公众安全的下列基础设施项目：

——煤炭、石油、化工、天然气、电力、新能源等项目。

——铁路、公路、管道、水运、民航以及其他交通运输业等项目。

——邮政、电信枢纽、通信、信息网络等项目。

——防洪、灌溉、排涝、发电、引（供）水、滩涂治理、水资源保护、水土保持等水利建设项目。

——道路、桥梁、地铁和轻轨交通、污水排放及处理、垃圾处理、地下管道、公共停车场等城市基本基础设施项目。

——生态环境保护项目。

——其他基础设施项目。

② 学校、影剧院、体育场馆项目。

（3）工程建设监理内容和工程范围。

工程建设监理的内容和受监工程范围由业主根据工程情况，在委托监理合同中予以明确，一般来说，一个工程由一家监理单位负责，但对专业性很强的单项工程，可另外委托专业监理单位。但也有些业主，将一个工程分成几项或几段来分别监理，致使监理单位众多，相互配合也较多，业主的管理工作量也加大了。

（4）工程建设监理的控制目标。

工程建设监理的主要任务是实现工程建设项目的目标。为此，必须对实现项目目标的约束条件作为监理的控制目标。工程建设项目的约束条件，一般要求在限定的资金、限定的期限（建设进度）和规定的质量标准条件下，通过安全文明施工，实现项目的目标。因此，通常监理的控制目标是工程投资控制、工程进度控制、工程质量控制、水电工程还将安全文明施工列为控制目标。

——工程投资控制目标是将工程项目投资控制在审定的范围内，初步设计概算不超过可行性研究的投资估算，施工图预算不超过审定的初步设计概算范围内。并通过承包合同加以明确。

——工程进度控制目标一般根据各类工程项目的工期定额（设计工期定额、施工工期定额）而制定的，并在承包合同中予以明确。

——工程质量控制目标是指在设计和施工阶段中，按照规定的规程、规范和技术标准进行控制，并通过检验和试运行，实现项目的功能和效益，并取得优良等级，也应在承包合同中加以明确。

——安全文明施工控制目标是指在项目实施过程中，确保设备和人身的安全，以及在投产后达到安全运行。

以上四项控制都是围绕实现项目总目标，确保工程项目的投资效益，他们是一个相互关联又相互制约的整体，应当进行统筹兼顾，对某一目标的影响因素众多，要采取综合控制的方法，都不能进行单一的目标控制，要注意控制的全面性、全过程、结构整体性和广泛性，以求得整个项目目标的实现。

2.3 工程建设监理目标控制的实施

（1）目标控制的前提。

工程监理实施目标控制的前提是：一是做好目标控制的规划工作和计划工作；二是监理的组织工作。

制定目标规划要了解业主的需求和实际可能，通过目标分解制定既可行又优化的计划。

监理控制目标规划是在项目业主制定的工程建设整体目标及阶段性目标的基础上而编制的。因此，工程建设监理应首先全面了解项目业主的目标规划后，再编制监理规划，以便实现项目业主的目标控制。规划编制的越全面、越完整，并与工程的内部因素和外部环境变化相适应，就越好进行监理目标控制，使目标规划能真正成为监理控制的规划。

为了实现监理目标控制，做好监理组织工作也是重要的前提。监理组织工作包括组织机构的设置、配置合适的各专业的监理人员、明确监理人员的任务和职责、制定工作流程和信息流程等。

（2）项目目标控制的措施。

为取得目标控制的效果，通常采取的措施是：

1）组织措施。对投资控制、进度控制、质量控制、安全文明控制的部门，人员予以落实并且对其相应的职能分工、职责、工作流程、工序流程等均有明确的要求，并进行工作考核、人员培训等，以便完善项目控制的组织系统。

2）技术措施。工程监理目标控制主要是通过技术工作来处理问题，对技术方案的分析，技术数据的审查，新技术的适应性，质量保证的技术措施等通过有一定素质的监理工程师的工作，使目标控制收到较好的效果。

3）经济措施。监理工程师经常收集、整理、加工经济信息和数据，包括各阶段目标计划进行资源、经济、财务的影响因素分析。通过对工程的估算、概算、预算进行复核、对资金使用计划、工程拨款付款等进行审查，有效地对监理目标进行控制。如监理工程师忽视具体的经济措施，将会影响其他目标计划的实现。

4）合同措施。参与工程建设的设计、施工、设备材料供货等单位的行为，都是在合同规定工作范围、质量标准下行使应有的责任和义务，并承担法律责任。监理工程师对被监理单位的行为进行控制是在工程建设合同的基础上来进行的。因此，监理工程师协助项目业主确定对目标控制有利的工程承包发包模式以及合同结构，拟订合同条款、参与工程招标、合同谈判、处理合同执行过程中的问题，做好防止索赔以及发生索赔后的处理工作，这些都是监理工作重要的项目控制措施。

（3）目标控制的基本方法。

工程建设监理的基本工作方法是目标规划、动态控制、组织协调、信息管理、合同管理。

1）目标规划。监理单位为实施项目业主提出的工程整体目标计划或者阶段性的目标而提出的监理控制目标的规划和计划。是围绕工程项目的投资、进度、质量、安全进行研究确定的，编制计划安排、制定风险管理措施。监理目标规划是监理目标控制的基础和前提，只有做好目标规划后，才能有效地进行目标控制。

2）动态控制。动态控制是在工程监理工作过程中，通过对过程、目标和活动的跟踪，全面、及时、准确地掌握工程信息，及时将实际目标值与计划目标值进行对比，发现或者预测出现偏离，及时采取措施及时纠正，以达到计划目标的实现。动态控制要求在不同的阶段、不同的空间，受到外部环境和内部因素的影响和干扰，工程监理应根据合同规定的职责范围，采取相应的控制措施，进行调整，并随其变化而不断地控制对目标计划不断地进行适应性调整，以达到总体目标计划的实现。

3）组织协调。组织协调是指监理在工程项目的进度、质量、投资、安全四项目标控制中所涉及与工程参建单位的协调。组织协调还包括监理单位内部人与人、机构与机构之间的协调。组织协调工作与监理控制目标是密不可分的，协调的目的就是为实现目标控制。在监理过程中，称之为"近外层协调"的是监理与项目业主、设计单位、施工单位、设备材料单位的协调，主要从事工程进度、工程质量、工程投资、安全文明发生偏离或预测偏离发生可能性，影响工程目标计划所进行的协调工作。称之为"远外层协调"的是监理与有关政府部门、社会团体、科研单位、社会团体、工程毗邻单位的协调。主要从事与工程结合部位上做好联合、联结及调和工作。当然，在具体处理问题时应按合同规定和规定程序进行工作。

　　监理组织内部的人际关系处理、工作分工与职责的处理也是十分重要的。通过协调使监理内部人员充分发挥才能，步调一致地实现工程项目目标。

　　4）信息管理。是指对监理工作所需要的各类信息的收集、整理、处理、存储、传递、应用等项工作的管理。监理的信息管理是进行目标控制的基础，缺乏信息会使监理工作造成盲目，信息处理错误会使监理工作造成失误；对信息不进行综合分析会使监理工作造成偏离，信息不储存，不传递或传递不及时会使监理工作造成被动或混乱；因此，信息管理对监理工作十分重要。监理单位必须要进行严格有序的管理。信息的质量要求是"准确、全面"；掌握信息发生的时间、地点、人员、过程，信息的时间要求是"及时"，失去时效性的信息是无用信息，只能作为参考提示性资料。

　　信息管理的必要工作是确定信息流程，不断充实和完善数据库，建立信息目录、编码以及信息的管理制度等。

　　5）合同管理。监理在监理过程中的合同管理，应按监理委托合同的要求，对工程建设合同（包括设计、施工、调试、设备材料供应等）的签订、履行、变更、解除进行监督、检查，对合同争议进行调解和处理，以保证合同依法签订和全面履行，以便为目标控制创造条件。

　　工程监理应站在第三方公正的位置，进行合同管理，履行监理职责，恰当地使用监理合同给予的权力，认真地参与合同制定和合同谈判，公正地处理争议。作为监理单位应具有熟悉建设工程有关法律、又有应变能力，还要能坚持原则的能力，经常进行风险分析，方能公正地处理合同履行中各种复杂的问题。监理人员对拟定的工程文件，报告、记录、整理、指示应做到全面、细致、准确、具体，避免发生因理解不一致、细节不确切、或语义含混而造成合同双方的纠缠不清。也尽量避免因合同条款含义不清引起索赔和反索赔。在合同谈判过程中，还必须注意合同风险的合理转移。

3　国家对建设监理的管理规定

3.1　国家对建设监理的管理法规

3.1.1　建设部、国家计委的管理规定

　　建设部和国家计委发布建监［1995］737号《工程建设监理规定》（见附件4）成为国家对建设监理管理的法规，此后国家发布实施的《中华人民共和国建筑法》和国务院发布的《建设工程质量管理条例》（见附件8）均有专门章节阐述怎样对建筑工程监理单位进行管理，重申了《工程建设监理规定》中的有关条款，并且制定了违章罚则。

　　（1）建设部归口管理全国建设监理工作，省、自治区、直辖市政府建设主管部门归口管理本区域内的建设监理工作，国务院各部门管理本部门的建设监理工作。

　　（2）规定监理单位是建筑市场的主体之一，建设监理是一种高智能的有偿技术服务。

　　监理单位与项目法人之间是委托与被委托的合同关系，与被监理单位是监理与被监理的关系。

　　（3）国家实行对监理单位资质审批制度，监理工程师实行注册制度。

　　（4）项目法人一般通过招标方式择优选定监理单位。

（5）实施监理前，项目法人应当将委托的监理单位、监理内容、总监理工程师权限，书面通知被监理单位，总监应当将监理工程师的权限，书面通知被监理单位。

（6）工程项目建设监理实行总监理工程师负责制，总监理工程师要公正地协调项目法人与被监理单位的争议。

总监理工程师在授权范围内发布有关指令，签认有关款项的支付凭证，有权建议撤换不合格的工程建设分包单位的项目负责人及有关人员。

项目法人不得擅自更改总监理工程师的指令。

（7）对外资、中外合资的国外贷款项目的建设监理，如果委托国外监理单位时应当聘请中国监理单位参加，进行合作监理，对国外赠款、捐款的项目，一般由中国监理单位进行监理。

（8）未经监理工程师签字，建筑材料、建筑购配件和设备不得在工程上使用，施工单位不得进行下一道工序的施工。

监理单位将不合格的建设工程、建筑材料、建筑购配件和设备按照合格品签字，将处以罚款、降低资质或吊销证书，承担连带赔偿责任。

（9）监理单位的监理行为不当给建设单位造成损失的应当承担相应的赔偿责任。

（10）监理单位不得转让监理业务，不得超出批准的业务范围从事工程建设监理活动，不得损害项目法人和承建商的利益。

（11）监理工程师不得出卖、出借、转让、涂改《监理工程师证书》，不得在影响公正执行监理业务的单位兼职。

3.1.2　水利水电行业管理规定

（1）承担水电工程建设监理的单位必须取得建设部颁发的资质证书，并取得水利部颁发的《资质等级证书》或监理许可证。

（2）由国家投资的水利水电建设项目必须实行监理。

（3）根据工程的具体情况，项目法人可以选择一个监理单位，也可以选择几家监理单位。对不同业务内容和范围分别监理，当选择几家监理单位时，需明确一家牵头或归口单位。

（4）实行监理回避制，但设计单位可以承担自主设计的工程的施工监理工作。

（5）工程建设监理的主要内容是控制工程建设的质量、安全、成本、进度，进行信息管理、合同管理、协调有关单位之间的工作关系。

（6）规定了水电工程监理的工作范围：

1）初步设计阶段的设计方案讨论，核查其设计文件。

2）参加设备和施工招投标工作。

3）核查施工图设计文件。

4）施工阶段的（包括投资、进度、质量、安全文明）监理工作、实施重点部位的质量见证工作。

3.2　国家对建设监理单位资质的管理

3.2.1　建设部发布的资质管理办法

建设部为了加强对工程建设监理单位的资质管理，保障其依法经营业务于1992年1月28日发布第16号令《工程建设监理单位资质管理试行办法》，对于监理单位的设立，监理单位资质等级与监理业务范围，中外合作监理单位的监理资质、监理单位的证书管理、监理单位的变更与终止，以及有关奖罚均做了规定；2001年8月29日以建设部令第102号又发布了《工程监理企业资质管理规定》（见附件12）对监理企业的管理做了一定修改，如下：

（1）建设部归口管理全国监理单位的资质管理工作，审批全国工程监理单位资质；国务院铁道、交通、水利、信息产业、民航等有关部门配合建设部实施相关企业资质管理；省、市、自治区建设主管部门负责本区域地方监理单位的资质管理工作，审批本地区监理单位资质，国务院工业、交通部门负责本部门直属监理单位资质。

（2）监理单位的资质等级根据具备的人员素质、资金数量、专业技能、管理水平及监理业绩分为甲、乙、丙三级，主要区分如表 2-6 所示。

表 2-6

项 目		甲 级	乙 级	丙 级
取得监理工程师资格证书		25 人	15 人	5 人
注 册 资 金		100 万元	50 万元	10 万元
近三年主要业绩	工民建项目	5 个二等	5 个三等	2 个
	专业工程	3 个二等	3 个三等	1 个
审 批 单 位		建设部	省、市、自治区审批，对水利、通信、交通企业征得同级部门的同意	
监理业务范围	地区、部门	跨地区、跨部门	限于本地区本部门的工程	
	监理工程等级	一、二、三等工程	限于二、三等工程	限于三等工程

（3）中外合资监理单位在设立时要报送原所在国的营业执照、资产负债表、专业人员和技术装备以及监理业绩。

（4）建设部对甲级单位实行年检，地方对乙、丙级单位年检，对铁路、交通、水利、信息产业、民航等专业监理企业实行联合年检。

（5）已完成的某一项目中的单位工程，也可计入业绩。

（6）工程类别由十七个改为十四个，工程等级一、二、三等的划分有所调整。

（7）监理单位必须建立《监理业务手册》，以便验资时需要。

（8）罚则（略）。

（9）甲级监理企业可以申请乙、丙级增项资质，乙级可申请丙级增项资质，丙级只能申请丙级增项资质，申请增项资质的注册师人数如表 2-7 所示。

3.2.2 水利水电行业资质管理办法

电水农［1996］882 号《水电工程建设监理单位资质管理办法》中规定：

（1）国家水利部负责审批甲级、乙级监理资质，丙级由地方水行政主管部门审批。

（2）监理单位资质标准，见表 2-8。

另外水利部于 1999 年 11 月 9 日起执行的《水利工程建设监理单位管理办法》（水建管［1999］673 号）对监理资质也进一步明确和规范（参见上篇第七章）。

表 2-7 　　　　　　　　　　申请增项资质专业注册监理工程师的人数标准

序 号	工 程 类 别	甲级（人）	乙级（人）	丙级（人）
1	房屋建筑工程	10	6	3
2	冶炼工程	10	6	3
3	矿山工程	20	12	5
4	化工石油工程	15	10	5
5	水利水电工程	20	12	5
6	电力工程	12	8	4
7	林业及生态工程	10	6	
8	铁路综合工程	25	15	5
	铁路其他工程	10	6	4
9	公路工程	20	12	5
	公路其他工程	10	6	4

续表

序 号	工 程 类 别	甲级（人）	乙级（人）	丙级（人）
10	港口及航道工程	20	12	5
11	民用机场工程	20	12	
	航空航天工程	12	8	
12	通信工程	20	12	5
13	市政公用工程	15	10	3
14	桥梁工程	10	7	3
15	燃气建筑安装工程	10	7	3
16	地铁轻轨（包括铁道、道桥、机械设备安装、通信信号专业）	25		
17	机电安装工程	8	6	

表 2-8

项 目	甲 级（人）		乙 级（人）		丙 级（人）	
	水电工程	高级工程师	水电工程	高级工程师	水电工程	高级工程师
其中取得监理工程师资格	50	10	30	5	10	2
注册资金	100 万元		50 万元		25 万元	
监理业绩	大型水利工程		中型水利工程		中型水利工程	

3.3 国家对监理工程师资格的管理

建设部为了保证监理工程师的素质，于 1992 年 6 月 4 日发布第 18 号令《监理工程师资格考试和注册试行办法》（见附件 13），对监理工程师考试和注册做出规定如下：

（1）建设部为全国监理工程师注册管理机关，各省、市、自治区和国务院各部门为本地区地方监理单位和本部门直属监理单位的监理工程师的注册机关。

（2）全国考试委员会为临时机构负责考试命题、提出考试合格标准、制定统一的考试大纲、监督和指导考试工作、审查和确认考试是否有效，并向全国注册管理机构报告考试情况。

地方和部门考试委员会审查参考者资格、组织考试、阅卷评分、向本地区或本部注册机关和全国考试委员会报告工作。

（3）参加监理工程师资格考试者必须具有高级专业技术职称、或中级职称后具有三年以上的工程设计或施工管理实践经验。

（4）经考试合格者，注册机关核发《监理工程师资格证书》。证书持有者五年内未经注册，证书失效。

（5）申请监理工程师注册由聘用的监理单位统一向本地区本部门注册机关提出申请，审查合格后颁发《监理工程师岗位证书》，并报全国注册机关备案，每五年对持有者复查一次。

（6）监理工程师退出、调出所在监理单位或被解聘、向原注册机关交回岗位证书，核销注册不满五年再从事监理业务的，由拟聘用监理单位重新注册。

（7）国家行政机关现职工作人员，不得申请监理工程师注册。

（8）虽经取得《监理工程师资格证书》但未注册，以监理工程师名义从事监理业务，或者虽经注册，但以个人名义承接工程监理业务的，进行违章罚款，并视情节给予停止执业、收缴证书、四年内不准考试和注册的处罚。

4　建设监理的活动准则

（1）工程建设监理活动准则：守法、诚信、公正、科学。

（2）工程建设监理工作准则：公正、独立、自主原则，公平地维护项目法人和被监理单位的合法权益。

（3）工程建设项目实施监理的基本原则：

——公正、独立、自立、原则。

——权责一致原则。

——总监负责制原则。

——严格监理、热情服务原则。

——综合效益原则。

——预防为主原则。

——实事求是原则。

（4）监理组织设计原则：

——集权与分权统一的原则。

——专业分工与协作统一的原则。

——管理跨度与管理分层统一的原则。

——权责一致的原则。

——才职相称的原则。

——效率原则。

——弹性原则。

（5）监理组织活动基本原理：

——要素有用性原理。

——动态相关性原理。

——主观能动性原理。

——规律效应性原理。

（6）监理工程师职业道德守则：

——维护国家的荣誉和利益，按照"守法、诚信、公正、科学"的准则执业。

——执行有关工程建设的法律、法规、规范、标准和制度，履行监理合同规定的义务和职责。

——努力学习专业技术和建设监理知识，不断提高业务能力和监理水平。

——不以个人名义承揽监理业务。

——不同时在两个或两个以上监理单位注册和从事监理活动，不在政府部门和施工、材料设备的生产供应等单位兼职。

——不为所监理项目指定承建商、建筑构配件、设备、材料和施工方法。

——不收受被监理单位的任何礼金。

——不泄露所监理工程各方认为需要保密的事项。

——坚持独立自主地开展工作。

（7）监理工程师工作纪律：

——遵守国家的法律和政府的有关条例、规定和办法等。

——认真履行工程建设监理合同所承诺的义务和承担约定的责任。

——坚持公正的立场，公平地处理有关各方的争议。

——坚持科学的态度和实事求是的原则。

——在坚持按监理合同的规定向业主提供技术服务的同时，帮助被监理者完成其担负的建设任务。

——不以个人的名义在报刊上刊登承揽监理业务的广告。

——不得损害他人名誉。

——不泄露所监理的工程需保密的事项。

——不在任何承建商或材料设备供应商中兼职。

——不擅自接受业主额外的津贴，也不接受被监理单位的任何津贴，不接受可能导致判断不公的报酬。

监理工程师违背职业道德或违反工作纪律，由政府主管部门没收非法所得，收缴《监理工程师岗位证书》，并可处以罚款。监理单位还要根据企业内部的规章制度给予处罚。

5　监理人员职责

5.1　总监理工程师的职责（含总监代表）

（1）以工程建设监理公司在工程项目的代表身份，与业主、承包单位及政府监理机关和有关单位协调沟通有关方面问题，定期或不定期向监理单位报告监理情况。

领导项目监理机构的人员贯彻执行有关的政策、法规、标准、规范和公司的质量体系文件，对履行监理委托合同负全面责任。

（2）《建设工程监理规范》要求总监理工程师应履行以下职责：

1）确定项目监理机构人员的分工和岗位职责。

2）主持编写项目监理规划、审批项目监理实施细则，并负责管理项目监理机构的日常工作。

3）审查分包单位的资质，并提出审查意见。

4）检查和监督监理人员的工作，根据工程项目的进展情况可进行人员调配，对不称职的人员应调换其工作。

5）主持监理工作会议，签发项目监理机构的文件和指令。

6）审定承包单位提交的开工报告、施工组织设计、技术方案、进度计划。

7）审核签署承包单位的申请、支付证书和竣工结算。

8）审查和处理工程变更。

9）主持或参与工程质量事故的调查。

10）调解建设单位与承包单位的合同争议、处理索赔、审批工程延期。

11）组织编写并签发监理月报、监理工作阶段报告、专题报告和项目监理工作总结。

12）审核签认分部工程和单位工程的质量检验评定资料，审查承包单位的竣工申请，组织监理人员对待验收的工程项目进行质量检查，参与工程项目的竣工验收。

13）主持整理工程项目的监理资料。

（3）总监理工程师代表应履行以下职责：

1）负责总监理工程师指定或交办的监理工作。

2）按总监理工程师的授权，行使总监理工程师的部分职责和权力。

（4）总监理工程师不得将下列工作委托总监理工程师代表：

1）主持编写项目监理规划、审批项目监理实施细则。

2）签发工程开工/复工报审表、工程暂停令、工程款支付证书、工程竣工报验单。

3）审核签认竣工结算。

4）调解建设单位与承包单位的合同争议、处理索赔、审批工程延期。

5）根据工程项目的进展情况进行监理人员的调配，调换不称职的监理人员。

（5）水电工程行业总监理工程师还应履行以下职责：

1）依据合同约定提出工程承发包模式，设计合同结构，为业主发包提供决策意见。

2）协助业主进行工程招标工作，协助主持编写招标文件，进行投标人资格预审，参加开标和评标，为业主决标提出决策意见：

3）参加合同谈判，协助业主确定合同条款。

4）组织设计单位、施工单位进行设计图纸会审，按合同规定确认设计变更。

5）审核承包单位所编制施工组织设计、施工技术方案及作业指导书，施工进度计划、现场安全和文明施工措施。

6）主持建立监理信息系统，全面负责信息沟通工作。

7）组织编辑综合进度计划大纲、施工网络进度计划和年、季度施工进度计划，审查施工单位编报的施工作业计划。

8）审核单位工程和分部工程开工报告，审核并签署开工令、停工令、复工令、竣工资料。

9）定期及不定期巡视工地现场，及时发现和提出问题并进行处理。

10）分阶段组织监理人员进行工作总结，按规定时间向业主提交工程各类监理报告。

11）审查承包商竣工申请，参加或组织工程竣工初验，审核并签署项目竣工资料，提出工程质量评估报告。

12）组织审查施工质量文件，主持整理工程项目的监理资料。

5.2 专业监理工程师的职责

（1）"监理规范"要求专业监理工程师应履行以下职责：

1）负责编制本专业的监理实施细则。

2）负责本专业监理工作的具体实施。

3）组织、指导、检查和监督本专业监理员的工作，当人员需要调整时，向总监理工程师提出报告。

4）审查承包单位提交的涉及本专业的计划、方案、申请、变更，并向总监理工程师提出报告。

5）负责本专业分项工程验收及隐蔽工程验收。

6）定期向总监理工程师提交本专业监理工作实施情况报告，对重大问题及时向总监理工程师汇报和请示。

7）根据本专业监理工作实施情况做好监理日记。

8）负责本专业监理资料的收集、汇总及整理，参与编写监理月报。

9）核查进场材料、设备、构配件的原始凭证、检测报告等质量证明文件及其质量情况，根据实际情况认为有必要时对进场材料、设备、构配件进行平行检验，合格时予以签认。

10）负责本专业的工程计量工作，审核工程计量的数据和原始凭证。

（2）水电工程行业专业监理工程师还应履行以下职责：

1）建立目标控制系统，落实各控制子系统的负责人员，制定控制工作流程，确定方法和手段，制定控制措施。

2）按合同规定确认或复核本专业设计图纸和设计变更。

3）根据总监理工程师的安排，参与工程招标工作，做好招标各阶段的本专业的工作。

4）对本专业设备/材料进行开箱见证，对设备缺陷进行全过程管理。

5）及时发现并处理可能发生或已发生的工程质量问题，参加质量事故调查。

6）审查承包商编制的"施工质量检验项目划分表"，参与有关的分部（分项）工程、单位工程、单项工程等分期交工工程的检查和验收工作。

7）提供或搜集有关的索赔资料，并把索赔和防索赔当作本部门分内工作来抓，积极配合合同管理部门做好索赔的有关工作。

8）定期做好监理工作总结和工作报告。

5.3 监理员的职责

监理员从事直接的工程检查、计量、检测、试验、监督和跟踪工作。他们行使检查和发现问题的职能。

监理员的职责按照《建设工程监理规范》规定如下：

1）在专业监理工程师的指导下开展现场监理工作。

2）检查承包单位投入工程项目的人力、材料、主要设备及其使用、运行状况、并做好检查记录。

3）复核或从施工现场直接获取工程计量的有关数据，并签署原始凭证。

4）按设计图及有关标准，对承包单位的工艺过程或施工工序进行检查和记录，对加工制作及工序施工质量检验结果进行记录。

5）担任旁站工作，发现问题及时指出并向监理工程师报告。

6）做好监理日记和有关的监理记录，填报旁站记录表。

第三章　监理单位的选择和监理费用

1　工程建设监理单位的招标与投标

1.1　项目法人通过招标选择监理单位

根据国家计委所发《国家基本建设大中型项目实行招标投标的暂行规定》的要求，"建设项目主体工程的设计、建筑安装、监理和主要设备、材料供应、工程总承包单位以及招标代理机构，除保密上有特殊要求或国务院另有规定外，必须通过招标确定"。《中华人民共和国招标投标法》规定："工程建设项目包括项目的勘察、设计、施工、监理以及与工程建设有关的重要设备、材料等的采购，必须进行招标"，"任何单位和个人不得将依法必须进行招标的项目化整为零或者以任何方式规避招标"，"招标投标活动应当遵守公开、公平、公正和诚实信用的原则"，"招标投标活动不受地区或者部门的限制。任何单位和个人不得违法限制或者排斥本地区、本系统以外的法人或者其他组织参加投标，不得以任何方式非法干涉招标投标活动"。

水利水电工程建设中，为了加强建设监理招标投标的管理，水利部根据国家有关法规，结合水利水电工程建设监理的特点，于 2002 年制定了《水利工程建设项目监理招标投标管理办法》，并于 2000 年颁发了《水利工程建设监理合同示范文本》（GF—2000—0211），原电力部于 1997 年颁发了《水电工程建设监理合同示范文本》（电水农［1997］376 号），从而使监理招投标走上了规范化和法制化轨道。

1.2　项目法人选择监理单位需考虑的主要因素

通过招标选择一个理想而又合适的、技术水平高、管理能力强的监理单位，对工程建设项目来讲有着举足轻重的作用，因此，必需慎重选择。项目法人选择监理单位应考虑以下主要因素：

（1）必须选择依法成立的社会监理单位。即选择取得监理单位资质证书、具有法人资格专业化监理单位，而不是临时拼凑的群体。

（2）被选择的监理单位的人员应具有较好的素质，具有足够的可以胜任建设项目监理业务的技术、经济、法律、管理等各类工作人员，评选时应将监理人员素质作为重要的因素，尤其是总监的素质。

（3）被选择的监理单位应具有良好的工程建设监理业务的技能和工程建设监理的实践经验和管理水平，投标书中能提供较好的监理方案。

（4）被选择的社会监理单位应有良好的社会信誉及较好的监理业绩。社会监理单位在科学、守法、公正、诚实方面有良好的声誉，以及在以往工程项目中监理单位有较好的业绩。

（5）合理的监理费用。

监理招标和设计招标一样，重点是评技术标，至于商务标由国家制定的收费标准进行控制。一个工程项目的成败，原因固然不一，但是监理单位的素质和管理水平对此有很大影响。如果项目法人能够经过一个周密慎重的选择过程，最终确定一家有经验、有人才、有方法、有手段、有信誉的监理公司为其服务，项目法人将会获得很大的投资效益。国外监理单位的一般选择方法：通常是由项目业主指派代表根据工程项目情况对有关咨询、监理公司进行调查、了解，初选有可能胜任此项监理工作的 3～6 个公司，业主代表分别与初选名单上的咨询公司进行洽谈，重点讨论服务要求、工作范围、拟委托的权限、要求达到的目标、开展工作的手段，并在洽谈过程中了解监理公司的资质、专业技能、经验、要求费用、业绩和其他事项等，最终确定一家监理公司并与其签订合同。

1.3　建设监理招投标分类

（1）设计监理招标：这种招标是指业主委托监理单位对设计单位在项目决策阶段所进行的项目可行性研究报告以及在设计阶段所进行的初步设计和施工图设计实行过程控制和管理，以及对各阶段设计成品进行评估和确认，目前国家虽已出台《建筑工程施工图设计文件审查暂行办法》，但由于设计监理还包括对设计过程的控制，所以今后设计阶段的监理将视业主的管理需要，仍将继续存在。

（2）施工监理招标：这种招标是指业主委托监理单位对施工单位的施工、安装和设备材料采购进行投资控制、进度控制、质量控制和安全施工控制，并且协调各方关系，进行合同管理，处理合同争议和纠纷。

目前普遍采用的是在施工监理招标中将部分设计监理的内容包括进来，扩大了施工监理的服务范围。

1.4　建设监理招标方式

以往建设监理招标方式分为三种：公开招标、邀请招标、邀请议标。在《中华人民共和国招标投标法》颁布后，邀请议标的方式将不再实行。在公开招标时，要求在招标程序中列入资质预审阶段，邀请招标则先进行资质调查后，将招标文件发给指定的几家监理单位。

1.5　建设监理招标投标中的几个问题

项目法人采用招标方式委托监理单位时，应注意做好如下工作：

（1）确定委托监理服务的范围。

项目法人根据本项目的特点以及自己项目管理的能力，确定委托监理的工程范围、服务范围、时限范围，确定在哪些阶段委托监理；是整个项目的实施阶段，还是其中的一个阶段；在这些阶段中，将哪些工作委托给监理单位，这是项目法人在开始委托时考虑的首要问题。也是确定自己的监理要求。

（2）成立委托招标组织机构。

项目法人着手委托之前，应当预先成立专门的委托机构，这个机构人员宜少而精，所有成员必须在三方面具有基本条件，即他们十分熟悉本工程项目的情况；了解有关监理方面的基本知识和业务及行业情况；能够秉公办事，有一定的公关能力。

（3）收集并筛选监理单位，确定参选名单。

国际上一个公认的经验是，在选择监理单位时，参选名单的长短，应按取短不取长的原则办，即形成一个所谓的"短名单"。一是数量多则评审监理投标书的时间太长，甚至因为数量大，反而造成差异过小，以至影响质量的辨别；二是参选单位过多，影响实力雄厚、信誉卓著的监理单位参加的积极性，使他们拒绝参加；三是大量公司投入竞争，又大量地被淘汰，使得这些被淘汰的公司造成资金损失，对项目法人和监理单位都是不利的。招标中一旦出现过失引起纷争，使招标单位难以处理。

按国际通行作法，参选公司数量以3～6家为宜。

（4）发出邀请信及招标文件。

邀请信的内容一般包括以下基本内容：

1）工程项目简介。

2）拟委托服务的范围、内容、职责、合同条件以及其他补充资料等。

3）监理费用计价基础方式。

4）监理投标书编制格式、要求、内容。

5）监理投标书编制的时间要求。

6）监理投标书有效期规定，即在此期间不允许改变监理人员配置方案和监理报价等。

7）提交投标书的地点、方式、日期。

8）开始监理的时间。

9）项目法人可提供的人员、设施、交通、通信以及生活设施等。

10）其他，如有关纳税规定，当地有关法律，其他被邀请监理单位名单，被邀方接受邀请的回复办法等。

上述内容的详细规定应在招标文件中做出详尽说明。

（5）确定评审方式。

项目法人选择监理单位的方式有两种。第一种是根据社会监理单位的监理大纲的质量，配备监理人员的素质和监理单位的工程监理经验和业绩来选择。即先进行单纯技术评审，技术评审合格者再进行监理费用的评审。第二种就是进行综合评审，既考虑技术评审内容，又考虑监理费用报价。如果采用综合评审方式，最好要求技术评审内容与监理费用评审内容分别单独密封，在评审时，先评审技术部分，然后再评审监理费用报价的内容，以避免费用报价的高低给技术评审造成影响。

具体采用哪种方式，主要取决于建设项目的复杂性和难易程度，以及项目法人对社会监理单位期望的大小。但是，无论采用哪一种选择方式，都应反映和体现一个基本事实，即选择工程监理单位重在它的监理水平、监理经验、社会信誉和投入监理的主要人员的素质。而监理费用则是评审的第二位因素。因为选择一个理想的监理单位和监理工程师，可以优化实施项目，可以在经济方面产生良好的效益，所带来的好处远比支付的监理费要大。

（6）评审。

组成评审委员会进行评审，评审委员会中应有三分之二的专家。评审包括三方面基本内容：监理单位的资质和业绩，监理大纲和措施，监理人员的素质和水平。监理单位的取费在评审中占较小的分量。

评审时对配备于本项目上的主要监理人员应给予极大的重视，这是监理工作的特点所决定的。因为，一个工程项目监理的好坏，取决于实际投入的监理工程师的素质水平和他们的努力程度，尤其是总监理工程师和项目监理部各部门的主要负责人。因此，投标书中应将总监和主要部门负责人做充分的介绍。

（7）签订监理委托合同。

与中选监理单位谈判，签订监理委托合同。虽然监理合同文本已在招标文件中给出，但仍有如下问题做出具体洽商：

1）合同开始日期及终结日期。

2）监理服务范围进一步明确。

3）建设单位的配合及应提供的设施和资料。

4）监理费用的支付方式。

5）关于监理附加工作和额外工作的补偿。

6）关于对监理单位的奖励和罚款。

7）对监理自备设备的补偿。

8）项目监理机构的交通、检测、试验等问题。

9）项目监理机构在现场监理费用的划分。

10）有关监理程序问题。

2　建设监理投标书的编制

建设监理投标书的编制可参考附录 3-1《监理投标书编制实施细则》

2.1 投标书编制依据和原则

编制投标书应依据我国的"招标投标法"和"合同法"，同时还要根据招标单位所编制的招标文件，招标文件是项目法人对招标和投标所做出的规定，违背招标文件的投标书，将难于通过符合性评审和鉴定而被列为废标，要使投标文件严格和招标文件相符合，因此在编制投标书时，首先对招标文件进行审查，并在项目法人规定的期限内，向招标单位提出书面意见，招标单位的答疑也应以书面形式，作为编制投标文件的依据。

2.2　投标文件的组成和编制分工

　　一般来说，投标文件由投标书、技术标（监理大纲）和商务标书（报价书）三部分组成，有关资格审查的强制性文件，将作为附件，列入哪一部分或单列，应根据招标文件要求汇入投标文件中。

　　监理单位在编制投标文件时应以计划经营部门为主，工程技术部门配合，商务标由计划经营部门负责，技术标应由工程技术部门负责，并将项目监理机构的组成和人员配置以及监理工作量（人月数）提供给计划经营部门。投标文件编制完成后由监理单位负责人组织评审（详见《监理投标书编制实施细则》）。

2.3　投标文件的编制内容

　　（1）投标书的编制内容。

　　——投标书应涵盖投标文件的组成和有效期。

　　——投标书应说明投标方对项目法人进行监理服务的承诺。

　　——投标书应附有法人代表委托授权文件。

　　（2）技术标——监理大纲的编制内容。

　　——编制依据。

　　——工程概况。

　　——监理范围（监理工程范围、监理服务范围、监理业务内容）。

　　——监理目标（质量控制目标、进度控制目标、投资控制目标、安全施工控制目标）。

　　——监理所遵守的工作标准。

　　——完成监理目标的控制措施（质量控制措施、进度控制措施、投资控制措施、安全施工控制措施、合同管理措施、信息管理措施、组织协调措施）。

　　——项目监理机构的组织、人员构成、职责分工。

　　——项目监理机构的工作制度及监理程序。

　　——监理人员守则及纪律。

　　——其他技术服务。

　　——监理报告目录。

　　——监理单位简况、资质、业绩。

　　监理大纲（设计阶段、施工阶段）详见示范文本。

　　（3）商务标——报价书的编制内容。

　　报价书（最终报价）及附件如下：

　　——监理人员投入横道图及监理人员投入计划。

　　——取费计算书。

　　——监理费用的支付。

　　——商务报价的承诺说明、对合同专用条款的期望、自备设备的补偿。

　　（4）投标书附件。

　　根据招标文件要求，一般应有如下附件（复印件）：

　　——营业执照。

　　——资质等级文件。

　　——法人条码证。

　　——税务登记证。

　　——监理业绩表或监理业务手册。

　　——总监理工程师简历表。

　　——监理人员一览表。

3　建设监理大纲的编制要求

3.1　建设监理大纲编制的目的和作用

监理单位为了承揽监理业务而编制的"建设监理大纲"是监理方案性文件，在监理招标投标中，在群雄竞争中起关键作用，让业主认为本监理单位的监理方案最优秀，服务范围和服务目标明确，监理服务措施有力，确信本监理单位能够有效地完成工程项目的总目标。选用本监理单位，能使项目法人放心，使之在项目中获得最好的效益。

其次，监理单位一旦中标，"建设监理大纲"就成为合同的一部分，成为今后编制监理规划的依据，这就要求监理大纲的编制应实事求是，应与本单位的实际相结合。

监于上述目的和作用，编制好监理大纲是极其重要的。

3.2　监理大纲的编制要求

（1）要有明确的编制原则。

——要遵照国家有关法规，特别是"招标投标法"和"合同法"。

——要依据招标文件及其书面修改通知，不能背离招标文件，更不能置若罔闻，自作聪明，自行其是。

（2）要有明确的服务范围和监理内容。

——明确的监理工程范围。

——明确的监理内容（一般按招标文件的规定）。

——监理单位有能力扩大服务范围和内容时，应特别加以说明。

（3）要有有力的监理服务措施。

——质量、进度、投资、安全等"四控制"可以分事前、事中、事后，列出控制措施，强调预先控制措施。

——用词要得当，职责要明确，要注意尊重项目法人的权力。

——组织协调和合同管理措施要具体，不可疏漏。

（4）监理组织和人员组织符合项目实际。

——监理组织能和建设单位相衔接一致。

——慎重确定总监理工程师人选，符合工程项目的实际。

——不要将过多的老专家集中在一个项目内，要老、中、青相结合，使监理队伍既富有朝气、又具有经验。

——组织分工明确。

3.3　监理大纲的示例

（1）设计阶段监理大纲详见示例 3-1《水闸工程设计阶段监理大纲》。

（2）施工阶段监理大纲详见示例 3-2《水电工程施工阶段监理大纲》。

4　建设监理的酬金和费用

4.1　社会监理有偿服务及费用构成

建设监理是有偿技术服务，项目法人所付给的费用是监理提供技术服务价值的体现，是监理单位进行简单再生产和扩大再生产所必需的。我国监理费用标准是低标准的，只能维持简单再生产，项目法人给予监理服务的补偿过低时，对监理单位在经济上是得不偿失的。实际上适当的补偿费与工程服务所产生的价值相比较，补偿费只是很小的一部分。所以，花适当的监理服务费用，得到专家高智能服务，可保证工程顺利进行，取得较大投资效益，这对项目法人来说，是一项很经济的投资。

各国政府通常规定按咨询服务费用划分标准分类。一般咨询服务费用包括以下部分：

（1）直接费。即直接从事该建设项目工作的人员工资、奖金、附加工资（保险、福利、补助等）及津贴等。

（2）间接费。除直接工作人员之外的管理和业务人员工资，以及办公、水电、交通、设施设备折旧，通信等不能作为直接费支出的费用。通常按直接费的百分率考虑。

（3）技术费。获得项目咨询技术知识必须支出的费用，如购买专利、试验费、计算机软件开发或购买、培训费等。

（4）非经常费。诸如出国准备费、旅差费、住宿费等。

（5）利润与税金。

4.2　监理服务费计价方式

由于建设项目的种类、特点以及服务内容的不同，国际上通行的计价方式有以下多种。采用哪种方式计费，应由双方在签约时协商确定。

（1）按时计费。

一般在合同中规定出各类服务人员有工时或工日费用率，然后根据服务所需时间或天数按时计费。在计算附加工作时，多采用按工时或工日计费。

（2）工资加一定比例的其他费用。

在提供咨询服务的研究机关和经营咨询企业中多采用这种方式。其费用计算是：

$$A=B \times K+（C+D）+E$$

式中　A——服务费。

　　　B——直接服务人员工资。

　　　K——系数。

　　C、D——间接费和利润。

　　　E——非经常费。

（3）按建设费的一定比例计算。

这种方式适用于诸如工程设计、编制标书等工作任务。原则是按工程项目类型及规模估算工程费和服务费的比例。一般是规模越大，工程费越高，收费的比例相应降低。采用这种计费方式应在合同明确工程费是按估算工程费计价，还是按实际工程费计价。

（4）成本加固定费。

这种方式是服务方在准确核算实际成本的基础上加上一定比例或数额的固定酬金。

（5）固定咨询费用。

这种方式系事先将服务费包死。对于工期长、条件复杂的工程，这种支付方式使服务者承担较大风险。所以往往在固定的咨询费中加入一定数额的不可预见费，或者是在合同中规定遇有重大变化的咨询费的调整办法。

（6）包聘方式。

这种方式是雇主在规定期间内支付一定的服务费，包聘咨询人员为其服务，若服务量超出合同规定的限额，则按规定追加费用。

（7）按咨询服务带来的经济效益为标准计价。

即服务所带来的效益越大，支付给服务者的报酬就越高。

4.3　我国工程建设监理收费规定

1992年9月，国家物价局及建设部以［1992］价费字479号文发布的《关于发布工程建设监理费有关规定的通知》（见附件14）中提出：工程建设监理费可根据委托监理业务的范围、深度和工程性质、规模、难易程度及工作条件等，按照下列方式之一收取：

（1）按所监理的工程概（预）算的百分比计收。国家物价局及建设部关于建设监理费的规定如表3-1所示，一般均按此规定收费。

（2）按照参与监理工作的年度平均人数计算，每年每人按3.5万～5万元计收。

表 3-1　　　　　　　　　　　　　工程建设监理收费标准

序　号	工程概（预）算 M（万元）	设计阶段（含设计招标）监理取费 a（%）	施工（含施工招标）及保修阶段监理取费 b（%）
1	$M < 500$	$0.20 < a$	$2.50 < b$
2	$500 \leqslant M < 1000$	$0.15 < a \leqslant 0.20$	$2.00 < b \leqslant 2.50$
3	$1000 \leqslant M < 5000$	$0.10 < a \leqslant 0.15$	$1.40 < b \leqslant 2.00$
4	$5000 \leqslant M < 10000$	$0.08 < a \leqslant 0.10$	$1.20 < b \leqslant 1.40$
5	$10000 \leqslant M < 50000$	$0.05 < a \leqslant 0.08$	$0.80 < b \leqslant 1.20$
6	$50000 \leqslant M < 100000$	$0.03 < a \leqslant 0.05$	$0.60 < b \leqslant 0.80$
7	$100000 \leqslant M$	$a < 0.03$	$b \leqslant 0.60$

（3）不宜按（1）、（2）两项方法计收的，由建设单位按商定的其他方法计收。

（4）涉外的建设工程，监理费由双方参照国际标准协商确定。

随着建设监理工作的深入发展，物价水平的提高，国家有关部门正在制订新的监理取费标准，总的原则是既要保证工程顺利实施，不过多增加投资，又要有利于监理单位有一定的经济收入，增强自身发展的后劲。特别是我国加入 WTO 后，监理取费标准需要制定新的指导价，上海市建设监理协会已发布了监理费行业指导价标准（见附件 40），设计监理收费约增加 3 倍，施工监理收费也有所增加（约 10%～50%）。若按工作量（人—月）计费时，每人每月 10000～12000 元。上海市计费标准中还对监理工作密度作了规定。

5　工程建设监理合同

5.1　工程建设监理合同的概念

监理合同在我国是一个改革开放中新出现的合同种类，既是建设工程合同，也是委托合同。监理合同是利用集团的智力和技术密集型的特点，协助项目法人对工程项目承包合同进行的管理，对承包合同的实施进行监督、控制、协调、服务以实现承包合同目标的一种新的合同类型。监理合同的当事人双方是委托方（项目法人）和接受委托方（监理单位）。

签订委托合同实际上是为双方在事先就提供了一个法律保护的基础。一旦双方对合同执行中监理服务或要支付的费用发生争议，书面的合同可以作为法律活动的依据。国外有的咨询监理公司需要从银行借款垫付合同项目监理所需要的资金，书面合同就是贷款的一个主要依据。因此，项目法人和监理单位应采用书面合同的形式，明确委托方和受托方的协议内容。

5.2　工程建设监理合同的主要内容

（1）签约双方的确认。

在工程建设监理合同中，首要的内容通常是合同双方身份的说明。其次合同文件的用词给予定义。此外，作为监理单位的代表，还应该清楚，委托的意图是否遵守国家法律，是否符合国家政策和计划的要求，这是保证所签合同在法律上有效性的重要前提条件。

（2）监理的范围和内容。

在工程建设监理合同中以专用条款对监理单位提供的服务内容（包括工程范围和服务项目）进行详细说明是非常必要的。监理服务的内容可视项目法人委托的情况而定，是阶段性服务还是全过程服务，在合同中应明确说明。

为了避免发生合同纠纷，监理单位准备提供的每一项服务，都必须在合同中详细说明。对于不属于监理单位提供的服务内容，在合同中也同样要列出来。总之，合同中对服务范围要有明确的界定。

（3）项目法人的职责、权利和义务。

项目法人聘请监理单位的最根本目的，就是在监理合同范围内能保证得到监理工程师的高智能服务，所以，在监理合同中要明确写出保障项目法人实现意图的条款，通常有：

1）进度表。说明各部分完成的日期，或附有工作进度的方案。

2）保险。为了保护项目法人利益，可以要求监理单位进行某种类型的保险，或者向项目法人提供类似的保障。

3）工作分配权。在未经项目法人许可的情况下，监理工程师不得把合同或合同的一部分分包给别的监理单位。

4）授权限制。即要明确授权范围，监理工程师行使权力不得超越这个范围。

5）终止合同。当项目法人认为监理工程师所做的工作不能令人满意时，或项目合同遭到任意破坏时，项目法人有权终止合同。

6）工作人员。监理单位必须提供足够的能够胜任工作的工作人员，他们大多数应该是公司的专职人员。对任何人员的工作或行为，如果不能令人满意，就应调离他们的工作。

7）各种记录和技术资料。在监理工程师整个工作期间，必须作好完整的记录并建立技术档案资料，以便随时可以提供清楚、详细的记录资料。

8）报告。在工程建设的各个阶段，监理工程师要定期向项目法人报告阶段情况和月、季、年度报告。

项目法人除了应该偿付监理费用外，还有责任创造一定条件促使监理工程师更有效地进行工作。因此，监理服务合同还应规定出项目法人应承担的义务。在正常情况下，项目法人应提供项目建设所需要的法律、资金和保险等服务。当监理单位需要各种合同中规定的工作数据和资料时，项目法人要迅速地设法提供，或者指定有关承包商提供（包括项目法人自己的工作人员或聘请其他咨询监理单位曾经作过的研究工作报告资料）。一般来说，项目法人可能同意提供以下条件：

a. 监理人员的现场办公用房。

b. 包括交通运输、检测、试验设施在内的有关设备。

c. 提供在监理工程师指导下工作（或是协助工作）的工作人员。

d. 对国际性项目，协助办理海关或签证手续。

一般说来，在合同中还应该有项目法人的承诺，即提供超出监理单位可以控制的、紧急情况下的费用补偿或其他帮助。项目法人应当在限定时间内，审查和批复监理单位提出的任何与项目有关的报告书、计划和技术说明书以及其他信函文件。

有时，项目法人有可能把一个项目的监理业务按阶段或按专业委托给几家监理单位。这样，项目法人对几家监理单位的关系、监理分工和项目法人的有关义务等，在与每一个监理单位的委托合同中，都应明确写清楚。

（4）监理单位的职责、权利和义务。

监理单位受项目法人的委托提供监理服务，在监理合同的条款中，应明确规定监理单位在提供服务期间的职责、权利和义务。监理工程师关心的是通过工作能够得到合同规定的费用和补偿，除此之外，在委托合同中也应该明确规定出某些保护其利益的条款：

1）关于附加的工作。凡因改变工作范围而委托的附加工作，应确定所支付的附加费用标准。

2）不应列入服务范围的内容。有时必须在合同中明确服务的范围不包括哪些内容。

3）工作延期。合同中要明确规定，由于非监理工程师所能控制，或由于项目法人的行为造成工作延误，监理工程师不应承担责任，按规定给监理工程师补偿。

4）项目法人引起的失误。合同中应明确规定由于项目法人未能按合同及时提供资料、信息或其他服务而造成了额外费用的支付，应当由项目法人承担，监理工程师对此不负责任。

5）项目法人的批复。由于项目法人工作方面的拖拉，对监理工程师的报告、信函等要求批复的书面材料造成延期，监理工程师不承担责任。

　　6）终止和结束。合同中任何授予项目法人终止合同权力的条款，都应该同时包括有由于监理工程师的工作所投入的费用和终止合同所造成的损失，应给予合同补偿的条款。

　　（5）监理服务费用。

　　监理服务费用是合同中不可缺少的内容，具体应明确监理服务费用的计取方式和支付方式，如果是国际合同，还要在合同中规定支付的币种。对于有关成本补偿、附加服务和额外服务费用等，需要在合同中确定。对支付的时间、次数、支付方式和条件规定清楚。常见的方法有：

　　1）按实际发生额每月支付。

　　2）按双方约定的计划明细表支付，可能是按月或按规定的天数支付。

　　3）按实际完成的某项工作的比例支付。

　　4）按工程进度支付。

　　（6）违约责任及争议的解决方式。

　　工程建设监理合同，同其他合同一样，应明确违约责任如何承担。在监理合同实施中，任何一方都应当严格覆行监理合同中约定的义务。在监理合同执行中，因某一方违约或终止合同而引起的损失和损害赔偿，项目法人和监理单位应协商解决，如果未能达成一致，可提交主管部门协调解决，如果协调仍未达成一致意见时，根据双方的约定提交仲裁机关仲裁，或向人民法院起诉。

　　（7）合同的生效、变更和终止。

　　在工程建设监理合同中，应明确合同的生效日期、变更的条件和合同终止等条款。例如，项目法人如果要求监理单位全部或部分暂停执行监理业务和终止监理合同，则项目法人应在合同规定的多少天前通知监理单位，监理单位应当立即安排停止执行监理业务。又如：监理单位在应当获得监理酬金之日起多少天之内未收到支付收据，而项目法人又未对监理单位提出任何意见时，应根据合同中的某些条款，监理单位可向项目法人发出终止合同的通知，如果在合同中规定的时间内没有得到项目法人的答复，监理单位可终止合同，或自行暂停或继续暂停执行全部或部分监理业务。

5.3　建设监理合同的示范文本

　　目前国内普遍使用的监理合同是由建设部和国家工商行政管理局于 2000 年 2 月以建建〔2000〕44 号文颁发的《建设工程委托监理合同（示范本）》GF—2000—0202（见附件 15），通知要求原《工程建设监理合同》示范文本（GF—1995—0202）在新示范本颁发后，同时废止。

　　水利行业在《水利工程建设监理合同示范文本》（GF—2000—0211）中，电力行业在《水电工程建设监理合同示范文本》（电水农〔1997〕376 号）中，也分别提供了水利和水电工程的监理"合同格式"和"合同文件"（参见上篇第九章和第十章）

　　以上几种合同文范本均可采用，应在招标文件中给予明确。

附录 3-1　监理投标书编制实施细则

1. 目的

为规范监理投标书的编制，特制定本细则。

2. 适用范围

本细则用于水电工程勘察设计、招标投标、施工投产等阶段建设监理的投标工作。其他工程的投标可作参考。

3. 引用标准

中华人民共和国主席令 91 号（1997）《中华人民共和国建筑法》

中华人民共和国主席令 21 号（1999）《中华人民共和国招标投标法》

建设部 68 号令（1999）《工程建设若干违法违纪行为处罚办法》

国务院令第 279 号《建设工程质量管理条例》

建设部、国家工商行政管理局　建建〔2000〕44 号《建设工程委托监理合同示范本》

水利部、国家电力公司、国家工商行政管理局 GF—2000—0208《水利水电工程施工合同和招标文件示范文本》

水利部令第 14 号（2001）《水利工程建设项目招标投标管理规定》

水利部水建管〔2002〕587 号《水利工程建设项目监理招标投标管理办法》

SL288—2003《水利工程建设项目施工监理规范》

国家开发银行　开行发〔1999〕342 号《国家开发银行贷款项目工程监理管理暂行规定》

国家物价局、建设部〔1992〕价费字 479 号《关于发布工程建设监理费有关规定的通知》

4. 职责

（1）本细则由监理单位的经理负责，计划经营部门主办，委托具有编制投标书能力的人进行编制。

（2）监理单位技术负责人负责技术标书的编制。

（3）计划经营主管负责商务标书和报价书的编制。

5. 内容与要求

5.1　编制前的准备工作

（1）由监理单位计划经营部门主管主持工程技术部门配合召开编前会议，参加会议有项目负责经理、总工程师以及参加编制人员。主要是介绍工程情况，讨论编制分工，落实计划进度等事宜。

（2）熟悉和了解监理招标文件、图纸以及有关的技术资料，必须仔细理解"投标须知"。

（3）对招标文件中提供的工程概况、监理范围、内容、目标、责任、义务以及经过现场踏勘后，对招标书中尚有不清楚或不理解的问题，应按招标文件中规定的时间、地点、联络方式提出质疑，并应得到有效的解答文件。

5.2　投标文件的编制

（1）一般投标书的组成由投标书、技术标书（监理大纲）、投标书附件、商务标书（报价书）等组成。

（2）投标书。

投标书是对招标书规定的内容承担工程监理任务的责任、义务的承诺文件，并附有委托授权书。

投标书是投标文件的前导文件，应说明投标书的组成和有效期。

投标书的编制格式及内容参见附 3-1-1。

委托授权书的编制格式及内容参见附 3-1-2。

（3）技术标书。

技术标书一般是以"监理大纲"形式，其内容如下：

1）编制依据。

2）工程概况。

3）监理范围和监理服务内容（监理工程范围、监理服务范围、监理作业内容）。

4）监理目标（质量控制目标、进度控制目标、投资控制目标、安全施工控制目标）。

5）监理作业技术标准。

6）完成监理目标所采取的监理措施（质量事前、事中、事后控制措施，进度事前、事中、事后控制措施，投资事前、事中、事后控制措施，安全施工控制措施，合同管理措施，信息管理措施，组织协调措施）。

7）监理程序。

8）项目监理组织、人员构成、职责分工。

9）项目监理机构的工作制度。

10）监理人员守则及纪律。

11）其他投资服务。

12）监理报告目录。

13）监理单位简况、资质、业绩。

附图和附件（参见附 3-1-3）。

"监理大纲"的编制原则和具体内容详见"监理大纲"示范本。

（4）投标书附件。

投标书附件包括投标单位的资质、业绩、营业执照以及法人文件的复印件，项目监理机构的组成及人员构成，主要人员简历：包括总监理工程师、总监理工程师代表、总工程师、总经济师的简历招标书未要求时，可参考附 3-1-4 填写。其他人员包括各专业监理工程师（土建、安装、技经、调试）和监理员、信息员，一般只列名单。

在项目监理机构的组成及其人员构成上要注意：

1）项目监理机构的组成：要适应监理工作的需要，对大中型火力发电厂施工全过程监理宜设置三科一室，即工程技术科、现场管理科、技经科和综合办公室。

2）在岗位的设置上：对大中型水电工程施工阶段监理，除设总监理工程师外，宜设置总监理工程师代表、总工程师、总经济师，在设置专业监理工程师的同时，还可设置监理员，在综合办公室内设信息员。

3）在专业的设置上：应按监理阶段的需要设置，对大中型水发电工程专业设置如下：

①设计阶段：勘测、水文、供水、水工结构、土建（结构、建筑）、金属结构、电气、环保等专业。

②施工阶段：土建（含水工结构）、测量、金属结构、电气、安全、工程经济（土建、安装）。其中安全监理人员视招标文件要求，也可由总监兼任，不另设岗位。

③调试阶段：机电、电气、水文。

施工阶段和调试阶段专业设置可合并考虑。

4）在人员素质定位上，应按监理对象的规模和技术复杂程度而定。

①总监理工程师：对大中型项目应选一级或具有同类型工程监理经验的总监理工程师。

②专业监理工程师：对大中型项目的设计阶段监理应由具有十年以上的设计实践经验的一级注册工程师或高级职称，并取得行业监理工程师资格的专业人员；对大中型项目的施工全过程监理，应由具有十年以上施工经验的高级技师或专责工程师并取得行业监理工程师资格的专业人员担任。

③监理员：对大中型项目的监理员应由具有十年以上的施工经验的技师来承担。

5）持有监理证书情况：项目监理部的主要人员应具有行业监理资格证书和国家注册的岗位证书，专业监理工程师均应具有行业监理资格证书，其中每个专业至少有一名具有国家注册的岗位证书。

6）年龄段比例：项目监理机构不应都是60岁年龄段人员，应有30%50岁以下的年龄段的监理人员参加。

（5）商务标书。

1）关于监理费的计算。商务标书是依据建设部和国家及行业收费标准，进行各种测算，包括按收费率计算和按投入监理人员人月数（工作量）计算，在此基础上对投标项目实施中监理投入成本及合理利润等费用以及市场状况的综合分析后的投标报价。同时依据招标文件，对项目法人提供的工作和生活条件及设施，如职员、设备、住房、交通、办公设施、通信、用餐等有偿和无偿情况进行简要阐述。

2）监理人员投入。各类监理人员投入按工程形象进度编制计划，商务标书应附有项目监理机构人员投入横道图。水利水电工程施工阶段监理人员投入横道图的编制格式见附3-1-5。

3）监理工作量（人月数）的计算应分两部分，一是项目监理机构的工作量，二是监理单位的管理和服务人员的工作量。

4）项目监理机构的生活和工作设施，全部或部分自备时，应另行计算费用。

5.3　投标书的评审

当投标书完成后，应由监理单位负责人主持。评审主要目的是完成本项目监理的能力和可行性，包括能力评审、技术评审、经济评审，其主要内容是监理组织、人员配备、设备配备、费用报价及支付、项目法人提供的监理条件（包括生活条件、工作条件）等进行逐项评审。

（1）技术评审。监理服务、监理措施是否满足招标书的要求，技术支持水平和人员素质是否与工程技术水平相适应。

（2）能力评审。监理组织、人员配备方面是否适应工程需要。

（3）经济评审。监理投标报价对内部经营目标、支出费用和获得利润情况等的经济评价，招标方对监理费用报价接受的可能性预测。

（4）风险性分析。如工程投资不到位，工程中间停缓建，监理费不能按时支付，经济环境不理想等问题的对策。

（5）评审人员。评审由监理单位计划经营部主办，项目主管经理主持、总工程师、项目总监理工程师、工程部门负责人、标书编制人等参加。计划经营部门作好评审记录，并填写评审记录表。参加评审人员签字（不得代签），评审记录表不得后补。

5.4　投标文件的出版和递交

（1）投标文件经评审和修改后，组织出版、装订、封袋。

（2）文件出版必须专门打印，字体、排序标准、文件尺寸应满足招标文件的要求；文件装潢新颖、得体，装订牢固。出版份数必须满足投标份数和监理单位归档自留份数。

（3）文件封袋前必须进行认真逐页检查，防止漏误和差错。

（4）封袋必须按照招标文件规定办理，不得自行改变。

（5）投标文件递交按招标文件规定的时间、地点、份数进行。移交时应由接受单位填写签字收单（见附3-1-6）并随投标文件保存。

（6）招标文件中如要求在投标时间交纳投标保证金，应按照招标文件的要求交纳。

5.5 参加开标会议

按招标文件规定的时间、地点派出有关人员参加开标会议。参加会议人员由监理单位计划经营部门主管。但法人代表或授权代理人必须参加。

当采取邀请招标，邀请议标时，评标机构要求投标单位澄清其投标文件时，应按规定时间给予澄清，逐个做出正式答复和最终承诺。答复文件须经监理单位法人代表或授权代理人签字确认。

附3-1-1

投 标 书

致＿＿＿＿＿＿＿＿＿＿＿＿＿＿＿＿＿＿＿＿：

    1. 我们收到并研究了贵单位的招标文件，原意按招标文件规定的内容承担该工程的建设监理任务，严格执行我单位承诺的责任和义务。

    2. 我们承认投标书、监理大纲、附件为我们投标文件的组成部分。

    3. 如果我们中标，我们保证按招标文件的要求和贵单位签订工程监理合同，成立工程监理部，选派＿＿＿＿＿＿＿＿工监理工程师以及配备全套的专业监理工程师进驻施工现场实施监理合同。

    4. 我们同意从投标之日起＿＿＿＿＿＿＿＿天内遵守本投标文件，在此期限满之前的任何时间，本投标文件一直对我们具有约束力。

    5. 在制定和执行正式合同之前，本投标文件连同贵方书面的中标函，应构成我们双方有约束力的合同。

签字人：（＿＿＿＿＿＿＿职务）

授权代表：

地　　址：

电　　话：

传　　真：

（公章）

年　月　日

附 3-1-2

委 托 授 权 书

监法委托（　　　　）　　

　　本法人代表授权声明：在本投标书签字的＿＿＿＿＿＿＿＿＿＿＿＿＿＿＿监理公司的法人代表代表本公司任命委托我公司＿＿＿＿（职务）＿＿的＿＿（被授权人）＿＿为本公司就＿＿＿＿（工程名）＿＿工程建设监理的委托授权人，进行签署投标书，澄清投标书，签署合同和处理与之有关的事务。

　　特此授权。

法定代表人：＿＿＿＿＿＿＿＿＿年　月　日

委托授权人：＿＿＿＿＿＿＿＿＿年　月　日

（公章）

年　月　日

附 3-1-3

_____工程
监　理　大　纲　目　录

1. 编制依据

2. 工程概况

3. 监理范围和监理服务内容

4. 监理目标

5. 监理措施

6. 监理程序

7. 监理组织、人员构成、职责

8. 监理单位简况、资质、业绩

附图：

附图1　设备采购招标基本程序图

附图2　设计确认及图纸会审程序图

附图3　施工过程控制图

附图4　单位工程开工控制图

附图5　施工质量控制工作程序图

附图6　质量事故分析处理程序图

附图7　设计变更和过程变更控制流程图

附图8　质量记录和信息流程图

附图9　月进度报表及过程款支付核签程序图

附图10　索赔处理程序图

附件：

附件1　项目监理部组织机构及各类人员的基本职责

附件2　项目监理部工作制度

附件3　监理人员守则及监理人员工作纪律

注：正文中的内容仅为示范，仅供参考。

附 3-1-4

主 要 监 理 人 员 简 历

监理人员登记表

姓　　名		性　　别		出生年月	
文化程度		毕业院校、专业及时间			
从事技术、技术经济工作年限	设计	施工	调试	科研	建设管理	其他
现任职务		技术职称		职称评定时间	
监理单位类别		取得监理资格证书时间			
通讯地址				电话	

工作简历	年　月	单　位	职务及职称	工程项目规模及担负的主要工作任务

附 3-1-5

工程监理人员投入横道图

部门	岗位	预测形象进度 小计(人月)	相对月数 施工准备、主厂房开挖及基础、安装开始、调试投产、试生产阶段、移交、竣工验收																				工作量 小计(人月)	监理费用 单价(元/人月)	监理费用 合计(万元)
			1	2	3	4	5	6	7	8	9	10	11	12	13	14	15	16	17	18	19	20	21			
总监办	总监																										
	总监代表																										
	总工程师																										
	总经济师																										
工程技术科(含调试)	科 长																										
	土建专业																										
	水工结构专业																										
	测量专业																										
	电气专业																										
	焊接专业																										
现场管理科	安全(兼科长)																										
	总图																										
	设备采购																										

续表

预测形象进度			施工准备、主厂房开挖及基础、安装开始、调试投产、试生产阶段、移交、竣工验收 相对月数																			工作量	监理费用	
部门	岗位	小计（人月）	1	2	3	4	5	6	7	8	9	10	11	12	13	14	15	16	17	18	19	20	21	小计（人月）	单价（元/人月）	合计（万元）
技经科	科长																									
	土建专业																									
	安装专业																									
辅助人员	监理员																									
综合办	主任																									
	信息员																									
	办事员																									
合　计																										

注　注明未包括的工作量和费用。

附 3-1-6

投标书递交签收单

编号：

致_____公司：

依据贵公司对_____工程的监理招标书，我公司现按招标书要求，已按时完成对该工程的投标编制工作。现将投标书递交贵公司，请查收。

投标书目录：

1. 投标书；

2. 监理大纲；

3. 投标书附件；

4. 报价书；

5. 商务标书。

共_____本

以上文件由我公司_____同志受公司法人代表委托，携带委托授权书（编号：监法委托_____号）前来递交。

签　收：

收件人：   （公章）

单　位：

时　间：　　　　年　　月　　日　　　　年　　月　　日

地　点：

示例 3-1　水闸工程设计阶段监理大纲

1. 目的

为了配合工程勘察设计阶段监理招投标，有必要对设计全过程的监督和管理做出规定，明确监理单位的权利和义务，提出为业主服务的措施，特编制本大纲，为监理单位投标时参考。

2. 适用范围

本大纲适用于水闸工程的全过程设计阶段监理工作，当仅仅承担部分设计阶段的监理时，可参考本大纲。

3. 引用标准及编制依据

3.1　引用标准

国家主席令第 21 号《中华人民共和国招标投法》

国务院令第 279 号《建设工程质量管理条例》

国务院令第 293 号《建设工程勘察设计管理条例》

水利部水建管〔1999〕673 号《水利工程建设监理规定》

建设部令第 81 号《实施工程建设强制性标准监督规定》

建设部建设〔2000〕167 号《建设工程勘察质量管理办法》

3.2　依据文件

建设单位：设计阶段监理招标邀请书。

建设单位：设计阶段监理招标文件。

4. 职责

4.1　本大纲由监理单位经营部门管理

4.2　本大纲由监理单位工程技术部门负责执行

5. 内容与要求

5.1　工程概况

5.1.1　工程名称：_____新（扩、技改）建工程

5.1.2　建设单位：_____

5.1.3　工程地点：_____

5.1.4　工程等级：_____

5.1.5　主要设备：_____

启闭机：_____

闸　门：_____

集控台：_____

5.1.6　工程特点：

防洪标准：_____

结构型式：_____

设计流量：_____

底板结构：_____

　　计算机集中控制：＿＿＿＿＿＿＿＿＿＿＿＿＿＿＿＿＿＿＿＿＿＿＿＿＿＿＿＿

　　电视监控：＿＿＿＿＿＿＿＿＿＿＿＿＿＿＿＿＿＿＿＿＿＿＿＿＿＿＿＿＿＿＿

　　启闭机：＿＿＿＿＿＿＿＿＿＿＿＿＿＿＿＿＿＿＿＿＿＿＿＿＿＿＿＿＿＿＿＿

　　附属工程：＿＿＿＿＿＿＿＿＿＿＿＿＿＿＿＿＿＿＿＿＿＿＿＿＿＿＿＿＿＿＿

5.1.7 设计单位

　　总体设计单位：＿＿＿＿＿＿＿＿＿＿＿＿＿＿＿＿＿＿＿＿＿＿＿＿＿＿＿＿＿

　　设计分包单位：＿＿＿＿＿＿＿＿＿＿＿＿＿＿＿＿＿＿＿＿＿＿＿＿＿＿＿＿＿

5.2 设计阶段监理范围

5.2.1 监理工程范围

　　临时工程：＿＿＿＿＿＿＿＿＿＿＿＿＿＿＿＿＿＿＿＿＿＿＿＿＿＿＿＿＿＿＿

　　基础工程：＿＿＿＿＿＿＿＿＿＿＿＿＿＿＿＿＿＿＿＿＿＿＿＿＿＿＿＿＿＿＿

　　主体结构：＿＿＿＿＿＿＿＿＿＿＿＿＿＿＿＿＿＿＿＿＿＿＿＿＿＿＿＿＿＿＿

　　上、下游联结段：＿＿＿＿＿＿＿＿＿＿＿＿＿＿＿＿＿＿＿＿＿＿＿＿＿＿＿＿

　　闸门制造安装：＿＿＿＿＿＿＿＿＿＿＿＿＿＿＿＿＿＿＿＿＿＿＿＿＿＿＿＿＿

　　电气工程：＿＿＿＿＿＿＿＿＿＿＿＿＿＿＿＿＿＿＿＿＿＿＿＿＿＿＿＿＿＿＿

　　附属工程：＿＿＿＿＿＿＿＿＿＿＿＿＿＿＿＿＿＿＿＿＿＿＿＿＿＿＿＿＿＿＿

　　生活建筑：＿＿＿＿＿＿＿＿＿＿＿＿＿＿＿＿＿＿＿＿＿＿＿＿＿＿＿＿＿＿＿

5.2.2 设计阶段监理工作的阶段划分

　　（1）勘测设计招标投标阶段：＿＿＿＿＿＿＿＿＿＿＿＿＿＿＿＿＿＿＿＿＿＿

　　（2）勘测阶段：＿＿＿＿＿＿＿＿＿＿＿＿＿＿＿＿＿＿＿＿＿＿＿＿＿＿＿＿

　　（3）方案设计阶段：＿＿＿＿＿＿＿＿＿＿＿＿＿＿＿＿＿＿＿＿＿＿＿＿＿＿

　　（4）初步设计阶段：＿＿＿＿＿＿＿＿＿＿＿＿＿＿＿＿＿＿＿＿＿＿＿＿＿＿

　　（5）施工图设计阶段：＿＿＿＿＿＿＿＿＿＿＿＿＿＿＿＿＿＿＿＿＿＿＿＿＿

　　（6）施工配合阶段：＿＿＿＿＿＿＿＿＿＿＿＿＿＿＿＿＿＿＿＿＿＿＿＿＿＿

5.2.3 设计阶段监理工作范围

　　对 5.2.1 条所列监理工程范围和 5.2.2 条所列监理工作阶段内的设计工作，进行质量、进度、投资和安全控制，并且协助业主对设计进行中的有关问题进行协调，及时向业主提供设计监理的信息。

5.3 设计阶段监理服务内容

5.3.1 勘测设计招投标阶段的监理服务内容

　　（1）项目监理机构依据勘察设计监理委托合同，协助业主编制勘察设计要求文件和勘察、设计招标文件。

　　（2）项目监理机构从勘察、设计单位的资质和业绩等方面对潜在投标人进行考察，并向业主提交考察报告。

　　（3）项目监理机构协助业主组织勘察、设计招标的发标、开标、评标和定标工作。

　　（4）项目监理机构协助业主选定设计方案，对投标单位的设计方案的技术和经济指标的先进性、合理性和工程造价的初步估算进行分析比较、作出综合评价。

　　（5）项目监理机构协助业主起草勘察设计合同，参与合同谈判。

5.3.2 勘察阶段的监理服务内容

　　（1）审核初步勘察和详细勘察的实施方案，并提出审核意见。

　　（2）项目监理机构定期检查勘察工作的实施及其进展情况，要求勘察单位按照勘察合同规定的范围、内容、期限和深度完成勘察工作。

　　（3）项目监理机构应按有关规范、文件的要求核查各阶段的勘察报告内容和成果，并向业主提出书面报告。

5.3.3 方案设计阶段的监理服务内容

（1）项目监理机构督促设计单位按照设计合同规定的范围、内容、期限和深度提交方案设计文件。

（2）项目监理机构审核方案设计并提出评估报告。

（3）项目监理机构协助业主组织方案设计的专家评审。

（4）根据业主要求，在方案设计审批后，根据批准的装机方案配合业主进行主机设备招标，审查设备规范书，起草订货合同书和有关附件资料。

5.3.4　初步设计阶段的监理服务内容

（1）项目监理机构应检查设计单位按照设计合同规定的范围、内容、期限和深度提交初步设计文件。

（2）项目监理机构应按下列要求核查初步设计阶段的设计成果，并组织技术力量对初步设计提出优化建议，并提出监理报告。

（3）项目监理机构应审核初步设计概算中的下列内容，并提出核查报告。

（4）项目监理机构应协助业主组织初步设计的专家评审。

（5）根据业主要求，在初步设计审批后，配合业主进行主要辅机设备招标。

5.3.5　施工图设计阶段的监理服务内容

（1）项目监理机构督促设计单位按照设计合同规定的范围、内容深度和期限提交施工图设计文件。

（2）项目监理机构核查图设计阶段成果，并提出监理报告。

（3）项目监理机构应审核施工图预算，并提出审核报告。

5.4　勘察设计阶段的监理目标

5.4.1　勘察设计阶段监理的质量目标

（1）方案设计、初步设计和施工图设计均应符合有关设计审批文件。

（2）勘察设计文件应符合国家和行业现行的有关规范、规程和技术规定的要求，执行国家和行业有关建设标准以及国家发布的强制性标准。

（3）初步设计和施工图设计均进行了优化，在优化设计中贯彻和执行了业主的意见。

（4）总体设计单位与国外图纸和设备技术接口的配合无误。

（5）设计方案满足方便施工安装，便于运行维护，实现机组安全、经济、满发和达标投产创优质工程的要求。

（6）技术经济指标达到国内同类型机组先进水平。

（7）完成设计合同所规定的优质服务的目标要求。

5.4.2　勘察设计阶段监理的进度目标

（1）按设计合同的规定或按合理设计工期交付设计。

（2）在施工工期紧迫的情况下，当合同工期低于定额工期的情况下，通过双方协商，按建设阶段进度的要求，分期交付设计，满足建设进度的要求。

（3）确保建设项目的总工期要求。

5.4.3　勘察设计阶段监理的投资目标

（1）方案设计初步设计概算控制在批准的可行性研究报告所列投资估算以内。

（2）施工图总预算控制在批准概算以内。

（3）施工中设计变更的费用（不包括工程变更），控制在总概算3%以内。

5.4.4　勘察设计阶段监理的安全目标

（1）设计文件满足水利行业的要求。

（2）施工图设计满足可行性研究报告和初步设计审批文件中对安全、消防和环保的各项要求。

（3）设计文件符合国家发布的"工程建设标准强制性条文"要求。

5.5　勘察设计阶段监理作业所遵循的标准（略）

5.6　勘察设计阶段监理措施

5.6.1　设计监理的组织措施

（1）按照效率原则做好组织设计，成立勘察设计阶段监理机构，选择和任用具有 15 年以上设计经验的高级工程师并具有一定监理经验的国家注册监理工程师，同时还具有行业总监资格的，任本工程总监理工程师，并辅助以具有 15 年以上设计实践经验的高级工程师作为总监代表，确保总监到位；

（2）按照责权一致的原则，在设计监理工作中，施行总监负责制，监理规划的编制、监理细则的审查、专业监理工程师的组织协调和调用、重大设计变更的审查、设计成品验收及工程竣工验收等工作，以总监为主体进行监理作业的运作；

（3）项目法人应将监理单位以及监理工程师的授权和职责通知设计单位，以取得设计配合，为监理工作提供方便条件；

（4）按照集权和分权相统一的原则，组织专业齐全的技术力量，这些技术骨干具有 15 年以上设计经验的高级工程师作为专业监理工程师；

（5）按照专业分工与协作统一的原则，明确岗位责任制，规定专业监理工程师的职责和权利，总监理工程师和专业监理工程师实行面对面领导，缩小管理跨度，密切相间关系，提高服务效率。

5.6.2　设计监理的技术管理措施

（1）建立完整的监理质量管理体系，根据公司的质量手册和有关程序文件，编制工程设计监理质量操作文件；

（2）总监理工程师将依据"监理合同"的要求，编制"设计监理规划"，并报业主确认后执行；

（3）组织专业监理工程师依据项目法人确定的"设计监理规划"编制各专业的"监理细则"，经总监审定后实施。

5.6.3　勘察设计监理的质量控制措施

5.6.3.1　事前质量控制措施

（1）熟悉上级审批文件，初步设计监理前了解可行性研究阶段的文件和审批意见，施工图设计监理前要了解初步设计的审批文件。

（2）勘察阶段配合勘察单位落实勘察人员和设备进点条件，勘察单位应实行技术、劳务分离、确保作业现场工作质量。

（3）勘察阶段督促勘察单位编制初步勘察和详细勘察的勘测计划大纲（勘测纲要），专业监理工程师审查后提出监理意见。

（4）检查勘察、设计单位参与本工程设计的人员是否符合在投标书中所承诺的设总和主设人名单，人员的职责分配是否合理、明确。

（5）对勘察单位的勘察仪器、设备及试验室、现场取样机具设备（特别是取样器）、岩土工程单位测试及工程测量仪器等是否符合规程、规范规定，是否进行了定期检定或校准并通过计量认证，现场重要操作人员是否持证上岗。

（6）对必要的设计设施和环境（包括工作环境和管理环境/质量文件等）进行检查，是否符合质量要求。

（7）了解业主对设计的要求，初步设计要贯彻业主对设计优化的要求，施工图设计阶段要符合业主对建设标准的意见和其他要求。

（8）设计阶段配合设计收集设计所需的设计基础资料，在初步设计阶段，重点要落实项目的外部条件，包括各类协议、城市规划接口资料、主机的配合资料等；在施工图设计阶段，重点要落实内部条件，包括厂区勘察资料、主辅机设计接口资料（特别是国外设备的资料）以及施工单位对设计文件编制的要求。

（9）督促设计单位编制事前指导文件，督促设总按照设计单位的质量文件要求，编制"设计计划大纲"，施工图设计阶段还要督促各专业主要设计人编制"专业设计计划大纲"，施工图设计应编制"卷册设计任务书"。

（10）协助业主提出进行优化设计的项目要求。

（11）协助设计单位参与和配合设备招投标，复核设计单位提供的"设备技术规范书"以及设备选型计算书。

（12）全面检查各专业的设计输入，以便落实开工条件，特别是各种外部接口资料、项目法人的特殊要求、资料缺口的处理、应吸收的反馈信息等。

5.6.3.2　勘察设计过程中的质量控制措施

（1）督促勘察单位按实施方案和勘察规范所规定的内容深度要求进行勘察，为设计提供结论准确的资料，专业监理工程师应到作业现场进行检查，检查量测记录和取样是否正确、真实、可靠；检查设备、试验操作是否符合标准。

（2）协助设计单位获得准确的设备接口资料，参与设计和供应商的设计联络会，落实设备订货合同和设备技术规范书中所规定的技术性能要求和对制造的工艺质量要求。

（3）对设备暂定接口资料进行审查，并进行有效的跟踪，进行闭环控制。

（4）审查设计所推荐的设备厂家应符合国家电力公司的厂家名录，杜绝淘汰或落后产品用于本工程。

（5）督促设计单位执行有关的初步设计和施工图设计的深度规定,满足设备/材料订货的要求,满足施工需要,满足项目法人进行项目管理的要求。

（6）督促设计单位执行专业分工的有关规定，检查设计是否存在漏项。

（7）施工图设计阶段参与施工图总图的设计评审，为卷册设计提供条件。

（8）督促设计单位执行有关专业配合和交换资料的要求，专业监理工程师核查其执行情况，对一些重要资料例如电动机清单和连锁要求以及向技经提供的专业工程量清单等应进行核查。

（9）专业监理工程师参加设计过程中的设计评审，施工图设计过程中参加设计单位进行的以安全和综合技术为重点的中间质量大检查，并提出监理意见。

（10）专业监理工程师参与专业优化项目的方案讨论和优化方案的结论评审，核实优化方法的使用性、优化数据的真实性、优化指标的先进性，监理工程师提出监理工作报告报项目法人。

（11）在施工设计阶段向设计单位推荐按工艺流程编制系统设计说明，将系统功能、系统运行方式、系统操作要求等予以说明。

（12）专业监理工程师将十分关注重要结构物和重要工艺过程的计算，对一、二级计算书进行认真的核查，必要时可抽查三级计算书。

5.6.3.3　勘察、设计成品形成阶段的事后控制措施

（1）复核勘察单位的成品是否符合国家和行业有关勘察的规程、规范和技术规定是否符合"勘察合同"规定的深度和要求。

（2）专业监理工程师复查勘察成品，其质量要求如下：

——成果资料齐全、图面清晰美观、图形符号规定方便适用。

——采用的各项技术参数依据充分，准确可靠，精度统计分析正确，计算基础资料完整，计算方法合理。

——报告书简明扼要，文字通顺，重点突出，内容完整。

——论据充分，评价方法正确，结论可靠，各试验项目指标之间关系论述清楚。

（3）督促设计单位认真执行设计成品审校核制度，重要结构图应由一级注册结构工程师签署，重要计算书的计算程序应是经过鉴定的程序。

（4）协助项目法人组织专家对初步设计方案的优化进行评审，对设计方案的技术经济指标的先进性、可行性提出评审意见，编制监理工作报告，报业主。

评审的重点如下：

1）建设法规、技术规范和功能要求。

2）有关部门的审批意见和设计要求。

3）对方案论证结果进行审查，各专业设计方案论据充分，结论正确。

4）对建设标准进行审查，符合安全、经济、可靠的原则。

5）符合工艺流程、设备选型先进适用、经济合理。

6）技术参数先进合理，与环境相协调，并满足环境保护的要求。

7）设计深度满足规定要求，消防、安全、工业卫生、节能全面进行了论述。

8）采用的新技术、新工艺、新设备、新材料安全可靠、经济合理。

（5）督促设计单位认真执行设计成品的专业会签制度，重要系统图和布置图有关专业会签齐全。

（6）组织专业监理工程师全面复查设计成品，核查对上级审批意见的执行情况，复查设计规定的质量特性与工程质量目标所规定的以及设计合同所规定的要求相一致，从而全面检查设计质量过程控制文件的执行情况和技术管理制度执行情况。并将上述执行情况写出监理工作报告报业主。

（7）项目监理机构应按下列要求核查施工图设计阶段成果，对一、二级图进行确认，并提出监理意见，编制监理工作报告报业主。

核查的重点如下：

1）符合有关部门对初步设计的审批要求，符合外部评审的意见。

2）符合国家和行业标准、规程和规范。

3）设计方案进行了全面、合理的优化。

4）安全可靠、经济合理，建筑标准适当，并符合工程总造价的要求。

5）设计深度满足施工的要求，施工方案简便易行。

6）满足使用功能，运行方式正确、合理。

7）专业衔接正确，设计单位各专业间，设计单位和设备厂家间资料交换无遗漏，接口配合已相互确认。

8）设计文件符合国家发布的"工程建设标准强制性条文"的要求。

9）新技术、新工艺、新设备、新材料均已通过鉴定，采取了可靠措施。

10）所依据的勘察资料和设计基础资料齐全，结论正确。

11）复核设备材料清册是否满足定货要求。

（8）组织专业监理工程师核查设计成品质量通病（常见病、多发病）的消除情况，包括：

——专业间和施工图卷册间的衔接情况，是否有设计漏项。

——各专业的设备遗留问题和暂定资料封闭情况。

——各专业套用的图纸和使用条件是否相一致，是否套用了实践证明是优秀的设计图纸。

——各专业在审校核中是否执行了双钩制，校审意见的修改情况。

——应吸收的质量反馈意见是否已被采纳。

——电气及安装设备设计是否合理。

——桩基设计与试桩报告是否一致。

——重要的设计载荷、设备载荷及埋设件资料、留孔资料，各专业配合是否一致。

——与安全和设计功能关系重大的设计特性是否已标注在设计文件上。

——各专业向技经专业提供的工程量清单是否存在高估冒算情况。

——各专业卷册目录和设计成品的完整性，是否还有遗留项目。

——劳动安全和工业卫生各项要求和国家规定的工程建设标准、强制性条款是否在设计中得到落实。

5.6.3.4　施工阶段的质量控制措施

（1）依据设计驻工地代表制度，督促设计做好施工现场的设计服务工作，及时按要求派出设计代表。组织设计单位进行技术交底和施工图会审，编制会审纪要，并进行跟踪管理，力争将设计中的错、漏、碰、缺消灭在施工之前。

（2）确认设计变更，协助设计单位执行施工现场的设计变更程序，对重大设计变更由总监签署报项目业主，请原审批单位进行审查。

（3）协助设计代表参加施工中的质量事故调整和处理。

（4）设计应吸取的质量信息，督促设计工代及时进行反馈。

（5）根据设计合同的要求，做好竣工图。

（6）根据设计合同的要求，督促设计单位做好如设计回访等工作。

5.6.4　设计监理的进度控制措施

5.6.4.1　设计进度的事前控制措施

（1）督促勘察单位按勘察合同规定的工期，向设计单位提供勘察文件。

（2）根据项目的综合工期要求和设计合同的规定进度以及建设阶段对设计成品分阶段交付进度的要求，监理会同设计单位提出保证设计进度的计划措施，并在设总编制的设计计划大纲中和专业设计计划大纲中予以落实。

（3）施工图设计阶段，要求设计单位在设计指导文件中提出施工图卷册总目录，落实卷册设计人员和出手计划进度。

（4）协助业主，对影响设计进度的外部因素采取措施，对设计评审和设计确认、设备招投标和签定采购合同等各项环节，安排计划、配合设计、提高管理效率。

（5）在设计分批交付施工图的进度仍低于设计定额工期时，会同设计单位提出赶工措施，包括组织管理措施、技术措施、经济措施、合同措施等。

——加快设计与制造厂家的配合，缩短资料交换的周期。

——不影响设计质量的前提下，提高设计套/活用率。

——采用矩阵的作业方式，拉近专业距离，加快设计专业间的配合。

——采用现场设计方式、拉近与现场的距离，缩短与施工的配合。

——对缺口的外部接口资料予以合理的暂定，以满足总体设计进度的要求。

——采用 CAD，出图率为 100%。

——增加设计人力资源，向设计单位建议，必要时向社会招聘短期工作人员。

——将部分设计分包给专业设计单位。

——增加设计工作时间，提高作业强度。

——提高奖金额度，激发设计人员的积极性。

5.6.4.2　设计进度的事中控制措施

（1）专业监理工程师跟踪设计，对设计进度实行动态管理，定期检查，发现进度拖延，分析原因，向业主报告，及时会同设计单位，采取补救措施。

（2）协助设计单位解决影响设计进度的外部因素：

——对影响设计进度的设备资料，督促厂家尽快提供。

——对制造厂家无法满足提供资料要求时，协助设计人员暂定资料，保证设计整体进度的推进。

——需要业主待定的问题，协助业主予以确定，一时无法确定的予以暂定，适时再行修改。

（3）当质量与进度发生矛盾时，需要妥善处理，做到两者兼顾。

——在取得业主同意后，符合工程条件的可以套用的项目，可以不再重新设计。

——对设计优化工作量较大的项目，在不影响优化质量的情况下，提出简化优化的监理意见，可以采取简化措施。

——应由施工单位进行二次设计的项目，可以在现场技术服务中予以配合解决。

5.6.4.3　设计进度的事后控制

（1）项目施工前，设计代表及时到达现场进行设计会审。

（2）对会审后的修改意见，及时出具设计变更通知，交监理工程师确认后发出。

（3）需要设计参加施工质量验收的项目，督促设计及时配合现场施工。

（4）对施工单位、制造厂家、建设单位提出的工程变更，督促设计单位及时研究解决，予以答复。

（5）对重大工程变更和设计变更，需要报请原审批单位的，及时办理报批手续。

5.6.5　设计监理投资控制措施

5.6.5.1　工程投资事前控制措施

（1）设计阶段的投资控制主体是设计单位，初步设计要以批准的可行性研究报告投资估算为限额，施工图设计要以批准的工程概算为限额，要求设计不得突破。

（2）监理工程师会同设计对工程投资的估算和概算共同进行分析找出控制重点，进行设计优化工作。

（3）在设计阶段初始时，要求设计单位对推行限额设计提出具体分析措施意见。

（4）在有条件的情况下，要求设计单位将控制投资额按专业按系统进行分解，落实到专业，施工图设计的限额尽可能落实到分册，卷册负责人通过控制工程量的办法达到控制投资的目的。

（5）合理确定概、预算的编制原则，在初步设计概算编制前，正确选用概算定额、材料价格、取费标准及相应的调整系数，认真摸清拆迁及施工场地情况。

5.6.5.2　工程投资事中控制措施

（1）对需要进行限额设计的重点项目和薄弱环节，要求设计采用优化的方法降低投资：

——对设备选型进行优化，在保证性能的条件下能用国产的（或中外合资的）不用国外进口的。

——对系统进行优化，在保证系统功能的条件下尽量进行合理简化，当规程和规范允许时，在安全许可条件下，尽量减少不必要的备用设备和备用容量。

——对设备和管道布置进行优化，以节约管道、管件、阀门和电缆。

——对施工组织设计进行优化，缩短工期，能永临结合的，尽量减少大临设施。

（2）专业监理工程师密切注意本专业的设计优化，做到工程项目的总投资为最低，防止专业费用的转移，将本专业的费用转嫁给其他专业。

（3）在设计过程中发生设计原则的变更，要求设计单位估算费用，如突破限额时，应向设总报告，监理工程师及时向业主报告。

5.6.5.3　工程投资事后控制措施

（1）专业监理工程师对设计单位编制的概预算认真进行审核，使之不超过估算，预算不超过概算。

（2）初步设计概算审核重点。

1）工程设计概算的编制依据。

2）设计概算的取费标准。

3）子项划分内容。

4）工程量清单。

5）定额选用。

6）核查限额设计的情况，要求概算控制在可行性研究投资估算费用以内，不得超过10%。

（3）施工图设计概算审核重点：

1）工程施工图预算的编制依据。

2）分项构成。

3）预算定额。

4）单价核定。

5）取费标准。

6）工程量计算。

7）设备材料清单。

8）施工图预算应控制在批准的概算之内，进行限额设计的情况。

5.6.5.4　施工阶段的投资控制措施

（1）在施工阶段，专业监理工程师认真审核设计变更，各工艺专业的设计变更，技经人员应定期到工地，涉及费用变化的，应估算变更费用，对基本预备费要严格加以控制，对费用变化较大的，要通过设总签发，对重大设计变更要经原审批单位审批，严格控制，使设计变更的费用控制在总概算3%以内。

（2）工程竣工决算中配合审计提供资料和澄清有关问题。

5.6.6　设计监理的安全控制

（1）初步设计和施工图设计，要根据批准的可行性报告中所要求采取的劳动安全与工业卫生措施进行设计，各专业监理在全面复查设计时予以落实。

（2）要求设计在设备选型中使用成熟的设备，提高电厂运行的可靠性和安全性。

（3）经鉴定的新技术，在本工程首次应用时，必须要有可靠的措施。

（4）设计所采用的设计软件要采用鉴定后的程序。

（5）施工图设计中对主体建筑、重要钢结构、大型动力设备基础、桩基基础、框架及排架结构、压力容器结构强度、设备及管道核载都要经过认真计算，必要时监理工程师可以抽查计算书。

（6）重点审查消防设计、抗震设计、防爆设施、防洪设施、防雷击设施生产运行，人身安全等，使之符合国家和行业的标准；国家发布的工程建设标准强制性条款，要严格执行不能疏漏。

（7）套用的图纸，在设计条件发生变化时，应进行认真核算和修改。

5.6.7　勘察设计阶段监理的信息管理

（1）监理部设置专岗，负责设计信息管理。

（2）信息员负责数据收集、汇总、整理加工、分类、传递、反馈和信息存储。

（3）接收总监指令，向业主和设计单位收集指定的信息。

（4）接收并加工汇总来的自各专业监理工程师的信息。

（5）向总监和专业监理工程师提供信息，供监理决策使用。

（6）对监理部文件施行闭环管理。

（7）提供供编制监理工作报告用的信息。

5.6.8　勘察设计阶段监理的合同管理

（1）对勘察设计合同的执行情况进行管理，协助业主处理合同纠纷并公正处理有关各方的索赔事宜。

（2）如果"监理合同"有要求的话，总监理工程师应根据勘察、设计合同的规定和实际进度，签署勘察、设计费支出凭证。

（3）对勘察、设计单位提出的分包单位的资质进行审查。

5.7　勘察、设计阶段的监理资料

（1）勘察、设计合同文件。

（2）监理委托合同。

（3）有关勘察、设计的依据文件。

（4）勘察、设计阶段的监理规划。

（5）监理工程师通知。

（6）经各方签字的各种记录和会议纪要。

（7）来往函件。

（8）阶段性设计成果评估报告。

（9）阶段性设计文件审核报告。

（10）勘察、设计阶段的监理工作总结。

5.8　工程项目监理机构及人员配备

5.8.1　工程项目监理组织机构

《工程设计监理部》组织框图如下：

　　监理部的工作重点，在设计阶段主要是在设计单位，施工阶段（特别是按照工程开始后）将移至施工现场，做好设计服务。

5.8.2　岗位分工

5.8.2.1　总监理工程师

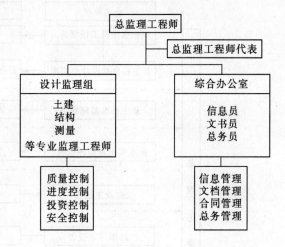

　　（1）全面负责监理部的工作，确定项目监理机构人员分工及岗位职责，分配和协调人员的工作。

　　（2）主持编写"监理规划"，审批各专业"监理实施细则"。

　　（3）根据工程情况调配监理人员，对不称职的监理人员予以调换。

　　（4）签发重要的监理文件和指令，协助项目业主主持专业监理工程师对施工图一、二级图进行确认工作。

　　（5）签发重大设计变更。

　　（6）处理合同争议。

　　（7）参加工程竣工验收。

5.8.2.2　总监理工程师代表

　　1）负责总监理工程师指定或交办的监理工作。

　　2）按照总监的授权，行使总监的职责和权利。

　　3）组织编写监理月报、工作报告、设计评审报告。

　　4）主持设计交底及图纸会议。

　　5）对监理人员进行考核，并向总监报告。

　　6）签发设计变更。

5.8.2.3　专业监理工程师职责

　　1）编制专业"监理实施细则"。

　　2）搜集设计基础资料，配合设计的进行，核查设计输入的文件和专业设计指导性文件。

　　3）对优化项目提出意见，参加设计优化，提出评价意见。

　　4）参加设计评审和中间检查。

　　5）复核设计文件，复核和督促设计过程中正确使用原始资料、设备资料，确认一、二级图纸。

　　6）负责专业设计协调，编制专题报告。

　　7）审查设计变更。

5.8.2.4　信息员职责

　　1）收集汇总专业监理信息，整理加工后交总监。

　　2）收集汇总项目法人文件，负责递送传阅。

　　3）编制监理月报（初稿）交总监审查后签发；

　　4）负责文件部门档案资料的管理。

5.8.3　设计监理人员配备

5.9　设计阶段监理工作程序

　　（1）设计阶段专业监理程序，见图示例3-1-1。

　　（2）设计确认及图纸会审程序，见图示例3-1-2。

　　（3）设计变更和工程变更控制流程，见图示例3-1-3。

　　（4）设计阶段质量控制流程图，见图示例3-1-4。

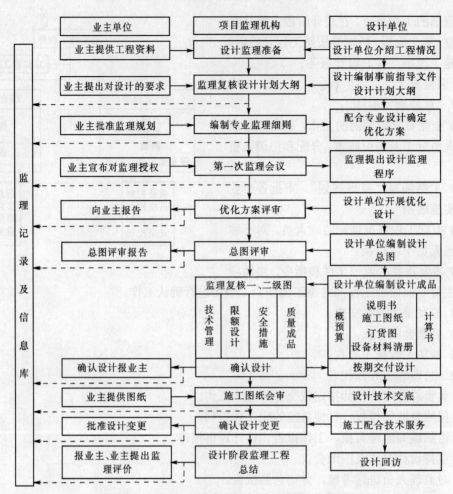

图示例 3-1-1　设计阶段专业监理工程师工作程序

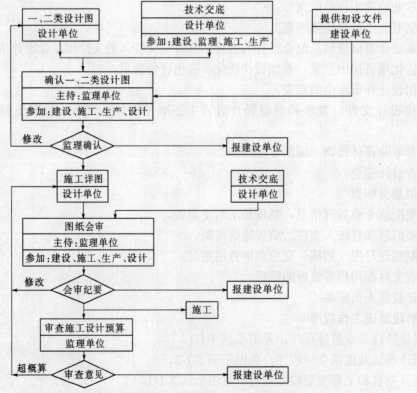

图示例 3-1-2　设计确认及图纸会审（检）程序图

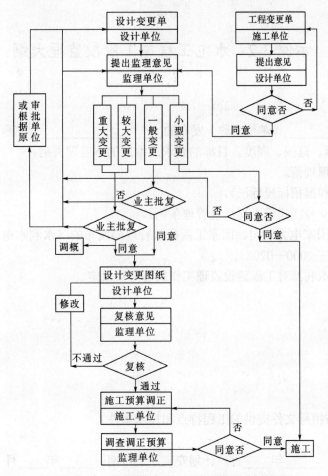

图示例 3-1-3 设计变更和工程变更控制流程图

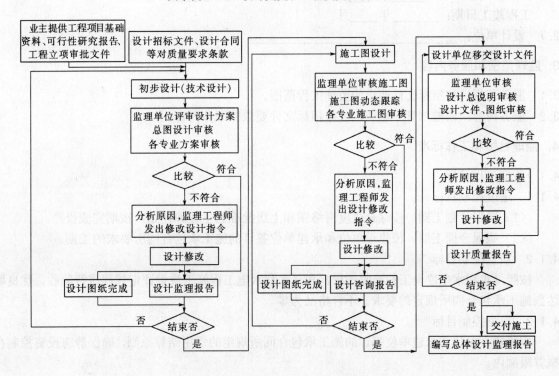

图示例 3-1-4 设计阶段质量控制流程图

示例 3-2　水电工程施工阶段监理大纲

1. 编制依据

1.1　根据＿＿＿＿＿＿＿＿（单位名称）发布的＿＿＿＿＿＿＿＿＿＿工程监理招标书所阐述的工程概况、监理内容、范围、深度、目标的要求而编制的本监理大纲。

1.2　国家及行业监理规范。

1.3　《中华人民共和国招标投标法》。

1.4　国务院令第 279 号《建设工程质量管理条例》。

1.5　依据水利部、国家电力公司、国家工商行政管理局发布的《水利水电工程施工合同和招标文件示范文本》（GF—2000—0208）。

1.6　依据建设部、水利部对工程建设监理工作的各有关规定。

2. 工程概况

2.1　工程名称：

2.2　建设单位：

2.3　工程地点：

2.4　工程规模：

2.5　工程特点：（按招标文件提供的工程特点和技术条件）。

2.6　建设周期：

　　　计划开工日期：＿＿＿＿年＿＿月，计划安装开工日期：＿＿＿＿年＿＿月

　　　No1 机交验日期：＿＿＿＿＿年＿＿月，No2 机交验日期：＿＿＿＿年＿＿＿月

　　　工程竣工日期：＿＿＿＿＿年＿＿月

2.7　设计单位：＿＿＿＿＿＿＿＿＿＿＿＿＿＿＿

3. 监理范围和服务内容

3.1　服务范围：按招标文件要求的监理工程范围。

3.2　服务内容：四控二管一协调，或按招标文件要求的服务内容。

4. 监理目标和工作标准

4.1　监理工程目标

4.1.1　进度控制目标

　　（1）确保计划工期：按综合进度网络图和上级批准的里程碑计划，按期完成投产。

　　（2）确保合同工期：按建设单位和承建单位签订的施工承包合同所要求的工期。

4.1.2　质量控制目标

　　按照《水利水电建设工程验收规程》和《水利水电工程施工质量评定规程》进行验收，优良率达到施工承包合同所规定的要求。不合格品为零。

4.1.3　投资控制目标

　　按照建设单位和承建单位签订的施工承包合同所规定的费用结算原则，确保静态投资控制在概算限额内。

4.1.4　安全控制目标

　　督促施工单位做到杜绝重大人身伤亡事故、重大设备严重损坏事故和其他重大事故，做到安

全文明双达标。设备质量事故为零。

4.2 监理服务目标

4.2.1 信守合同、业主满意，监理到位，漏监率为零。

4.2.2 勤奋工作，业主损失最少，业主投诉率为零。

4.3 工作标准

（1）本工程执行 GB/T 9001—2000；ISO 9001—2000 质量管理和质量保证以及监理单位的质量保证体系，为工程进行监理服务。

（2）工程建设过程中的土建、安装、调试等工作执行现行的国家和水利电力行业标准、技术规范、验评标准（注明建设部、技术监督局、行业标准等）。

（3）中华人民共和国《工程建设标准强制性条文》（水利工程部分）。

（4）其他（涉及工程类别的其他标准）。

5. 各阶段监理内容和要求

5.1 设备采购阶段的监理内容（招标文件如有的话）

（1）对采用招标方式进行设备采购时，监理工程师参与设备招标工作，复查投标厂家的资质、信誉。参与议标、评标工作，提出决标建议。

（2）协助建设单位进行技术和商务谈判，并签订设备合同，确保设备性能符合设计文件。

（3）协助建设单位选择设备监造单位，处理监造中的有关问题。

（4）督促设备供应商按约定的时间发货。

（5）参与主设备、主要材料的开箱见证，严格设备缺陷的管理。

（6）检查设备、材料的入库、保管领用等管理制度，对原材料供应商资质进行确认。

5.2 设计阶段（招标文件如有的话）

（1）参与初步设计阶段的设计方案讨论，检查是否符合已批准的可行性研究报告及有关设计批准文件和国家、行业的有关标准。重点是技术方案、经济指标的合理性和投产后的运行可靠性。

（2）核查施工图方案是否进行优化，对一、二级施工图重点复查（如有必要，也可对主要计算资料和计算书进行核查）。

（3）核查初步设计概算，是否控制在投资估算内，核查施工图预算是否在审批的概算内。

（4）复查初步设计设计深度是否满足初步设计深度规定，施工图深度是否满足施工和订货需要。

（5）设计进度按合同规定的图纸交付进度进行监督和协调。

（6）参与施工图技术交底，组织图纸会审。

（7）审核确认设计变更。

（8）督促总体设计单位对各分包设计单位和制造厂家图纸及接口配合的确认工作。

5.3 施工阶段

（1）协助建设单位参与施工安装单位的招标、编制招标文件、参加合同谈判工作。

（2）审查工程分包单位和试验单位的资质，提出监理意见。

（3）审查施工安装单位的施工组织设计、技术方案、安全文明、施工措施、进度计划、作业指导书等施工指导文件。

（4）审查施工安装单位的质量保证体系，审查本工程的施工质量保证措施，并监督实施。

（5）主持分项、分部工程、关键工序和隐蔽工程的质量检查和验评。

（6）负责审查承包商编制的"施工质量检验项目划分表"并督促实施。

（7）制订并实施重点部位的见证点（W点）、停工待检点（H点）、旁站点（S点）的工程质量监理计划，监理人员要按作业程序即时跟班到位进行监督检查。停工待检点必须经监理工程师签字才能进入下一道工序。

（8）根据项目法人制订的里程碑计划编制一级网络计划，核查承包商编制的二级网络计划，并监督实施。

（9）审批承包商单位工程、分部工程开工申请报告。

（10）检查现场施工人员中特殊工种持证上岗情况，并监督实施。

（11）协助项目法人根据国家电力公司有关安全管理规定，进行安全生产管理。监督检查承包商建立健全安全生产责任制和执行安全生产的有关规定与措施。监督检查承包商建立健全劳动安全生产教育培训制度，加强对职工安全生产的教育培训。参加由项目法人组织的安全大检查，监督安全文明施工状况。遇到威胁安全的重大问题时，有权发出"暂停施工"的通知。

（12）审查承包商工程结算书，工程付款必须有监理工程师签字。

（13）做好合同管理，督促双方履行承包合同，维护建设单位和承包单位的合法权益。

（14）参与签定本工程的专题科研、合理化建议工作，并积极配合施工提出积极建议。

5.4　分部试运和整套试运行阶段

（1）协助建设单位参与编制调试招标书和对投标单位的资质复查、评议和合同谈判工作。

（2）主持审查调试大纲及调试计划、调试方案和调试措施。

（3）参与主要系统的分部试运，严格执行分部试运验收制度，分部试运不合格，不准进入整套启动试运。

（4）参加启动委员会试运指挥部工作，各专业监理工程师参与检查启动前的安全、设备状况、分部试运转情况，参与协调工程的分系统试运行和整套试运行工作。

（5）主持审查调试报告和试运行可靠性报告。

（6）对整体启动出现问题的消缺工作进行核查和验收。

（7）督促安装单位对备品、备件、专用工具、技术资料、设备图纸的移交工作。

5.5　试生产期工作

（1）机组投入试生产阶段后，对发生的缺陷，涉及施工安装问题，应进行及时消缺，保证机组正常运转。

（2）按设备合同要求完成性能测试工作和调试计划遗留项目。

5.6　竣工验收及质量保证期阶段

（1）督促施工、安装做好工程资料的整理工作，积极配合质量监督站的验收和各单位工程的质量评定。

（2）完成质保期阶段的监理工作，分析缺陷责任、督促有关单位及时完成缺陷处理。

（3）配合建设单位申请进行达标投产的考核。

（4）协助建设单位清理资产编报竣工决算。

（5）配合建设单位完成工程的后评价工作，分析概算执行情况和投资效果。

（6）组织设计、承包等有关单位进行预验收，总监理工程师签署预验收意见。

（7）建设单位申请竣工验收，监理参与验收，对验收中存在的整改问题，组织承包单位进行整改。

6. 完成各阶段监理目标的控制措施

6.1　完成监理目标的组织措施

（1）完成监理目标的组织措施（详见示例4-2"水电工程施工阶段监理规划"）。

（2）按照监理合同的规定，在现场设立项目监理机构，专业配套，人员、岗位职责分工明确（详细见8.2、8.3、8.4）。

（3）总监理工程师主持编制监理规划。

（4）组织专业监理工程师在开工前编制监理实施细则，经总监理工程师批准后实施。

6.2　质量控制措施

6.2.1　质量事前预控措施

（1）设计质量控制。

1）监理部的全体技术人员应全面了解工程建设前期情况，熟悉建设单位提供工程建设文件（地方资源及各种协议、审批文件、合同文件等）以掌握建设项目的指导思想和工程质量的要求。

2）组织专业监理工程师熟悉设计基础资料（工程原始资料、勘测资料、设备资料），了解设分包单位的技术接口资料，掌握上述有关资料以便协调各方关系。

3）参加由建设单位组织的设计交底会，了解设计主导思想和设计原则、设备选型原则、工艺流程原理以及所采用的新技术、新工艺、新设备、新材料对施工的要求。总监理工程师对技术交底会议纪要要进行签认。

4）全面复查确认设计单位提供的一、二级施工图是否符合上级审批文件和国家及行业规程规范，是否符合"工程建设标准强制性条文"要求、设计方案的优化情况建筑标准是否适当、是否满足使用功能、运行方式合理、安全经济、设计深度是否符合规定并满足施工要求、采用的设备是否满足配套要求、设计遗留问题等。

5）施工图深度满足设计合同的要求。

6）核查设计单位执行管理制度情况是否执行了专业资料交换制度、复查各专业设计单位和制造厂家的设计接口配合资料，各专业会签制度、成品校审制度执行情况，重要的结构图应由一级注册结构工程师签认。

7）组织设计图纸会审，对设计存在的错、漏、碰和要求设计改进的修改项目，各方达成共识，由设计单位出具设计变更。

（2）设备质量控制。

1）在设备采购阶段，复查设计单位提供的设备技术规范书，按照建设单位的要求，编制采购方案，报建设单位批准后对设计推荐的厂家进行市场调查，考察潜在的设备供应单位。

2）当采用招标方式进行设备采购时，项目监理机构根据建设单位需求，协助建设单位按设备"招标文件范本"的要求组织招标。当直接采购时，协助建设单位参与技术和商务谈判，商签订货合同。

3）协助建设单位选择有资质的设备监造单位并要求监造单位专业配套，数量满足要求，分工明确，熟悉技术标准；当建设单位要求时，项目监理机构参加设备出厂检验。

4）要求设备监造单位编制监造规划，并报建设单位。专业监理工程师及时了解监造信息，协助解决监造中出现的问题。

5）做好原材料和购配件采购的监控工作，首先选择资质具备、能力满足、信誉服务优良的厂家。对到场设备和主要材料进行质量检查，做到不合格品不进场，不入库，不就位，确保质量达到优质水平。专业监理工程师对承包商报送的拟进场的工程材料、购配件和设备的质量证明资料进行审核，对需要由承包商按有关规定进行复试的材料和设备，监理人员进行见证取样或直接委托更权威的机构进行检验，对不合格的材料、购配件进行封存，未经监理工程师签证的材料，严禁在工程中使用，并签发监理通知单，限期撤出现场。

6）专业监理工程师组织设备开箱验收，检查运输、装卸质量，核查随机文件、装箱单和附件，设备清点后移交安装单位，对备件和专用工具清点造册，对设备缺陷和缺件要取得供应商的确认。

（3）施工质量预控制。

1）在建设单位办理了招标项目批准后，监理单位可按建设单位的要求或监理合同规定，编制施工招标文件，建设单位确定编制原则（招标方式、标段划分、计划安排、潜在投标人资格预审等）监理单位编就后报招标管理机构审批。

2）项目监理机构参与编制标底价格，参与确定潜在投标人，参与答疑和开标、定标，协助建设单位进行合同谈判和商签承包合同。

3）工程分包需经建设单位确认，承包商在分包项目开工前，将分包商的资质证书、营业执照、特殊行业施工许可证、安全施工证书、特殊工种证书、项目经理资格证书，分包单位业绩及分包范围、省外施工企业的原籍公安机关证明等，报监理机构审查。

4）对分包单位的不称职的人员，要求承包商通知分包商予以更换，严禁分包商进行再分包。

5）监理工程师应对承包商的现场试验室的资质进行验资，检查其资质等级和实验范围，检查设备计量检定证明，对试验人员和管理人员的资格进行验证，检查试验室的管理制度是否齐全。

6）总监理工程师在开工前审查承包单位质量管理体系、技术管理体系和质量保证体系，审查其组织机构、管理制度和特殊工种资格证、上岗证。

7）组织专业监理工程师对承包商报送的施工指导文件进行审查，包括施工组织设计，专业施工组织设计，重要分部工程和关键工序、各分项工程的作业指导书、特殊项目的施工技术方案，施工质量保证措施和安全文明施工措施以及防止质量通病措施，提出审查意见由总监理工程师签认后报建设单位。

8）专业监理工程师审查承包单位报送的工程开工报审表及相关资料，核查施工许可证，已获政府主管部批准、征地拆迁工作满足工程进度的需要、施工组织设计和施工方案已获总监理工程师批准、承包单位现场管理人员、劳动力和机具已到位、主要施工材料已落实、五通一平已满足开工要求，具备条件后由总监理工程师签发并报建设单位。

9）配合单位工程、分部工程的开工报告的审批，对已审查的施工指导文件有变动时，要求承包商对变更部分重新报批。

10）专业监理工程师对承包商报送的工程施工测量放线成果进行审核和查验。检查测量人员岗位证书和设备检定证书，复核控制桩成果，保护措施及平面控制网和水准点成果，符合要求予以签证。

11）做好选择有能力及服务信誉高的调试单位对本工程的设备进行调试工作，以保证分系统和整套启动调试的质量；

12）当承包单位采用新材料、新工艺、新技术、新设备时，承包单位应编报施工工艺措施和证明材料，专业监理工程师组织专题评审，总监理工程师审定签认。

6.2.2　施工中质量控制措施

1）质量的事中控制，监理必须做到人员到位、监控手段科学、严格按规定程序工作，及时准确处理质量问题。项目监理机构应会同建设单位、质监站和承包单位组成质量见证组织，负责质量验收和评定。

2）会同水利水电建设工程质量监督机构共同审查承包单位提交的"质量验评项目划分表"和质量验收计划，并协调质量见证程序。

3）坚持质量验评分级管理和分级验收，承包单位负责一、二、三级验收，验收合格后，将验收记录报项目监理机构，由专业监理工程师对承包单位报送的分项工程验评资料进行审核和现场抽查，属于四级验收项目，在上述审核和抽查合格后，由专业监理工程师组织四级验收，符合要求后予以签认。

4）对单位、分部、单元工程进行检查、验收、签证工作，严格按质量见证程序进行。各专业明确见证的停工待检点（H）点，现场见证点（W点），文件见证点（R点），重要工序旁站点（S点），监理人员按作业程序到位进行监督检查，对停工待检点（H点）坚持上道工序未经检验不得进行下道工序。

5）专业监理工程师主持对隐蔽工程的质量验评，隐蔽工程作为停工待检点（H点），未经监理验收和签证，不得覆盖。进行覆盖时应有监理人员进行旁站监理。

6）对重要部分和关键工序，对出现问题难以处理的分项工程和重点部位，也应作为停工待检点（H点）或进行旁站监理。

7）专业监理工程师定期检查承包单位的直接影响工程质量的计量设备的技术状况。

8）监理工程师可行使质量否决权，对重大质量问题与建设单位/建设单位代表联系，征得同意后，由总监理工程师下达停工整改命令或工程暂停令，待质量缺陷消除后，经专业监理工程师复查条件满足后，总监理工程师签发工程复工报审表；当出现下列情况之一时，专业监理工程师报告总监理工程师后便可直接指令承建单位立即停工整改：

——对停工待检点（H 点）未经检验签证擅自进行下道工序。

——工程质量下降，经指出后未采取有效整改措施，或虽已采取措施，但效果不好，继续作业。

——特殊工种无证操作，致使质量不能保证。

——擅自采取未经监理批准认可的材料。

——擅自变更设计图纸的要求而未向监理报告，或报告后未经监理批准的。

——擅自将工程转包而未经建设单位同意，或虽经建设单位同意，但未经监理验资。

——采用的施工方案未经监理批准而贸然施工，已出现质量下降或不安全倾向。

9）在施工过程中，当承包单位对已批准的施工组织设计进行调整、补充和变动时应经专业监理工程师审查，总监理工程师签认，并报建设单位。

10）施工工程发生不合格项，根据发生的原因及性质，分为处理、停工处理、紧急处理三种，并严格按提出、受理、处理、检查、验收的程序实行封闭管理。监理必须进行过程跟踪。

11）承包单位提出工程变更，由专业监理工程师审查，总监理工程师签认，并报建设单位，当涉及安全、环保等内容时，按规定报有关部门审定，总监签认前，工程变更不得实施。

12）监理确认设计变更，如变更费用或工期超出监理职权以外，仅提出监理意见，报建设单位审批。

13）对进场材料实行监理监控，不合格品严禁进场、进库。对批量材料使用实行跟踪，并监督施工安装单位完善材料使用部位的记录。

14）对进场设备进行开箱验收后，如发现缺陷由厂家确认，并落实处理方案，明确处理单位，记录缺陷及处理过程，并由缺陷责任单位提交处理过程及结果报告，经专业监理工程师确认符合质量标准时，方可使用。

15）发生质量事故后，专业监理工程师首先报告总监，由总监先出停工令和质量事故通知单报告建设单位，责令承包单位报送质量事故调查报告和经设计单位等相关单位认可的处理方案，专业监理工程师应参加质量事故的调查分析并提出监理意见，审查处理方案，事故处理后进行验收签证，总监理工程师写出"质量事故处理报告"报建设单位。

16）参加质监站和质监中心站主持进行的重要阶段性监督检查，按其下达的质监大纲进行预检，提出报告，发出整改通知，在确认整改合格后，参加和配合正式检查。

17）各专业监理工程师配合技经专业监理工程师审查承包商月进度报表，对质量存在缺陷的项目应拒付工程款。

6.2.3 施工后期的质量控制措施

1）项目工程（分部、分项）完成四级验收后，及时向质监站申请验收及评定质量等级，工程整体完成后，督促施工安装单位按国家或行业或承包合同规定的标准，及时全面整理工程质量记录、技术资料、验评记录、缺陷事故处理、设计图纸及工程变更单、设备图纸等，做好单位工程交付验收或工程整套试运行前验收的资料准备工作。

2）参与调试指挥部的工作，审查各专业调试方案和措施，参与审查调试网络计划，严格执行分部调试的试验制度，对分部试运不合格的项目，参与研究原因分析，未经签证的项目不准进入整套启动试验。

3）按监理合同约定的监理职责参与启动前的检查，包括单体试运、分部试运和整套试运行，按照水利水电行业"启动验收规程"和"启动调试工作规定"，参与试运全过程。

4）在启动试运行过程中，对验收检查的质量缺陷，督促施工安装单位及厂家及时消除。并经检查验收合格，提出签证单。

5）督促承包单位按规定的时间内对备品备件和专用工具进行造册，按设备开箱记录进行清点，向建设单位移交。

6）参与签署"启动验收证书"，对整套启动过程中发生的问题，应提出监理意见。

7）审查由调试单位提出的调试报告和调试可靠性评价报告，协助建设单位编制上报"发电设备缺陷汇总表"和"机组注册报告"，会同质监站对建设质量提出质量总评价。

8）如果监理合同有规定时，在工程进入试生产和监理进入质保期阶段，监理及时编制《生产监护大纲》，报建设单位批准后，按《生产监护大纲》进行工作，主要从事：

——生产运行阶段发生质量问题的分析，查明质量问题的责任单位，督促责任单位及时处理，监理提交处理报告。

——按合同约定如有设备性能考核项目，协助建设单位确定性能测试单位，监理及时收集设备运行记录，对性能测试中存在的问题提出处理意见。

——提交质保期间的监理报告对建设过程质量进行评述。

——参与工程后评估，为工程进行国家验收提交监理报告。

9）按照水利水电行业"达标投产考核标准"，参加考核，并提出相关报告。

10）组织有关单位进行竣工验收初评，报建设单位申请竣工验收。

11）项目监理机构参加竣工验收，参加签署验收报告。

12）协助建设单位确定的竣工图编制单位，做好竣工图的编制，并进行确认和签证。

13）监理在工程整体验收后，不定期地进行回访，查询工程质量问题，如发生应按质量终身负责制的规定，及时处理，并征集建设单位对监理工作在质量控制中的意见。

6.3　进度控制措施

6.3.1　开工前施工进度控制措施

（1）按照建设单位提出的建设进度要求，监理协助或主持一级网络图的编制工作。经审查批准后，作为指导承包商编制二级网络图的依据和进度动态管理的依据。

（2）指导和审查由总承建方编制的二级网络图，确定主要里程碑进度。

（3）按承包合同的规定，应由建设单位完成的施工外部条件，协助建设单位按期完成确保按期开工。

（4）总监理工程师审批承包单位报送的施工总进度计划和年、季、月度施工进度计划。

（5）依据一、二级网络图进度，落实施工图和设备交货进度，并及时提出存在问题，提高交货、交图的及时率。

（6）专业监理工程师依照施工合同有关条款、施工图及经过批准的施工组织设计，制定进度控制方案，对进度目标进行风险分析，制定防范性对策，经总监理工程师审定后报建设单位。

（7）依据二级网络图，督促施工安装单位编制三级网络图（单位工程进度计划）以及施工组织措施，落实机具、人力、材料等，并按时开工。

（8）对施工安装单位自行采购的设备、材料、购配件等，要求承包单位按时进行招标，签订合同、落实交货计划、准时到场，保证项目施工安装有序进行。

（9）及时安排设计图纸会审，按合同约定的时间内审查设计变更。

（10）了解资金到位情况，向建设单位提出资金需求计划，确保工程进度。

（11）总监理工程师组织专业监理工程师认真审理开工报告，对场地、材料、劳力、设备、设计图纸、机具、施工方案、水电供给、场地、交通、安全警示、场地排水等查实后，符合条件签认开工报告，报建设单位批准。

6.3.2　施工中进度控制措施

（1）实行月度计划报表编报制度。要求各施工、安装单位报送本月完成情况及下月计划报送给监理机构，经复查后，在监理月报中建设单位。并将进度存在的问题以及与建设单位有关的问题提出监理意见。

（2）监理机构设专岗对进度进行控制，及时全面了解工程进度。对设备到场、主材进点、外委加工、资金到位、冬雨季安全、总平面交通等进行管理，以配合工程进度及时进行协调和调整。

（3）主持召开工地例会，协调各单位间在设计、设备、材料、施工中的影响进度的有关问题，编写会议纪要，督促检查落实解决问题。专业监理工程师根据需要及时召开专题会议，解决专项问题。

（4）实行进度的动态管理，当进度发生偏离时，分析原因、及时调整。当责任为施工安装单位时，监理及时协助承包商采取措施，进行调整，当属于建设单位方或外部原因时，监理及时会同建设单位研究对策或依据承建合同进行处理。当实际进度严重滞后于计划进度，影响关键路线的实现，由总监理工程师会同建设单位商定。

（5）对设计工代、厂家代表的服务情况，因服务不周影响进度的，应及时反馈给建设单位，以求解决。

（6）总监理工程师严格对"工程暂停和复工"进行管理，签发暂停令时要根据暂停工程的影响范围和程度，按照施工合同和委托监理合同的约定签发，签发前应就工期和费用问题与承包商进行协商，当具备复工条件时应及时签发复工报审表，由于承包单位引起的工程暂停，在承包单位报审复工时，要一并报审复工有关材料，同意后签发复工报审表。

（7）总监理工程师，严格对工程变更和设计变更进行管理，对引起工期进行评估，并与承包单位和建设单位进行协调。

（8）工程临近启动试运行时，及时召开调试协调会，对调试计划和分工和接口进行协调配合，做出规定。

（9）审查施工单位提供的分部试运计划和调试单位编制的调试网络图。

（10）项目监理机构在年度及工程总结的监理报告中，必须反映工程的进度计划，实际进度情况，分析差异原因，提出改进建议。

6.3.3　施工后期的进度控制

（1）机组通过启动试运行后，编制设备和施工质量缺陷清单，督促有关承包单位落实消除缺陷进度。

（2）对调试未完项目和设备性能试验，要求承包方按合同要求的进度完成。

（3）按照施工合同的规定，受理承包单位的工程延期申请。

（4）对工程建设进度完成里程碑进度情况进行总结分析对比，并在监理总结中予以陈述。

6.4　投资控制措施

6.4.1　投资事前控制措施

（1）监理人员首先熟悉有关本工程的投资来源、工程概算、工程一级网络网、地方及投资方的财务机构、工程承建合同等概况，以方便投资控制的策划工作。

（2）参与研究概（预）算编制原则，合理确定编制原则、分项构成、取费标准、预算定额、单价核定等。

（3）项目监理机构依据施工合同有关条款和施工图设计文件，对工程项目造价目标进行风险分析，提出防范措施。

（4）依据工程总进度、概算的结构、资金到位的总体计划、协助建设单位编制工程总体投资计划和年度投资计划。

（5）项目监理机构会同建设单位制定投资控制的实施方案和操作办法，必要时可采取建设单位统一归口、项目切块包干、静态控制动态管理等方式。

（6）专业监理工程师依据批准的概算，编制设备购置、建筑工程、安装工程、主材等费用分割切块方案，作为成套订货、材料供应施工承包等、切块包干的依据。

（7）预测工程风险及可能发生索赔的诱因，制定防范措施，减少发生索赔的几率。

（8）审查施工图设计标准是否按概算进行了限额设计，如超出限额会同建设单位进行分析，必要时由设计单位做出解释。

（9）认真复核施工预算，对超出批准概算和初步设计标准的，应分析原因，必要时由编制单位提出报告，依据报告，提出监理意见，报建设单位，制定处理办法。

（10）审核承包商月进度计划。

6.4.2　投资的事中控制措施

（1）依据投资计划，资金拨放管理办法和操作程序，监理按月编制进度计划报表，汇总各承建单位的工程量计划完成实量和资金量，报建设单位审核批准。

（2）对各承包商每月报送的计划完成统计报表，对其工作量按合同约定计量方法进行核定，总监理工程师核签工程付款凭证，报建设单位。

（3）未经监理人员质量验收合格的工程量，或不符合施工合同规定的工程量，监理人员应拒绝计量和该部分的工程款支付申请。

（4）审理单位工程开工报告，了解资金到位情况，防止提前占用资金。

（5）在审核设计变更和工程变更、施工方案时，监理工程师将从造价、项目的功能要求、质量和工期等方面审查变更方案。严格控制费用的增加，对有较大变更要求的同时附有预算编制文件，监理对其审核，并报建设单位批准。应在工程变更实施前和承包单位、建设单位确定其价款。

（6）专业监理工程师建立月完成工程量和工作量的统计台帐，对实际完成和计划完成进行对比，制定调整措施，并在"监理月报"中间建设单位报告。

（7）及时掌握设备，材料市场价格信息，依据承建合同控制超限原则并实施报批制度。

（8）协助建设单位进行调整概算工作，包括资料、数据的搜集、整理。调概工作完成后，配合设计单位进行概算的回归工作。

（9）运用《项目投资差异分析》方法，对投资进行分析、找出发生差异的原因，提出改进和预防措施。

（10）定期向建设单位汇报工程投资动态，不定期汇报因工程变动、超出监理职责范围以外的索赔等工作。

（11）专业监理工程师及时收集、整理有关的施工和监理资料，特别是有关纠纷的取证，充实和完善合同数据档案，为公正、合理地处理工程索赔提供证据。

6.4.3　投资的事后控制措施

（1）根据年季度投资计划，编制年季度投资报表，总结资金流向和实际效果。

（2）监理机构按施工合同的有关规定，提出工程结算方案的建议，经批准后，按结算原则审核各类工程结算书。

（3）协调处理工程发生的费用索赔和工期索赔，维护建设单位和承包商的合法利益。

（4）监理机构按施工合同的有关规定，提出工程竣工决算的原则建议，参与结算书的编制工作。

（5）质保期内，对发生的工程缺陷合理确定费用归属。

6.5　安全文明控制措施

6.5.1　施工前安全文明控制

（1）监理部设置专职监理工程师或兼职监理工程师，对施工组织设计、安全施工措施、现场安全管理制度、安全教育、安全机构、目标、措施及各级责任制进行审查和监控。参加安全例会，进行安全考核，审查安全报表。

（2）监理部依据工程情况和"安规"要求，编制安全文明监理细则，明确职责，建立台帐，定期汇报。

（3）要求承包单位编制安全措施，交监理机构审查。审查安全措施的范围包括：重要施工工序、关键部位施工作业、特殊作业、危险性操作、季节性施工方案、重要的和大型施工临时设施、交叉作业等。

（4）对大件起吊、运输作业、特殊高空作业及带电作业等危险性作业，要有可靠的措施。

（5）监理对安全措施审核重点是场地隔离、交通防火、力能保护、高空保护、设备保护、安全保卫、危险作业防止工伤事故、杜绝重大伤亡事故以及防止中毒和改善劳动条件等具体措施。

（6）对危及环境或周围施工人员安全的施工项目，要求承包单位采用可靠的防护措施。

（7）监理机构审查分包单位资质时，审查其近三年的安全施工记录和安全保障体系情况。

（8）检查安全教育培训情况，要求承包商在施工前对从事电气、起重、焊接、爆破、爆压、架子工、机动驾驶工、机械操作工以及接触易燃易爆、有毒气体、射线、剧毒作业人员，进行安全生产培训，上述特殊工种必须持证上岗，开工前对施工人员进行安全技术交底。

（9）按《建设工程安全生产管理条例》，开工前应预留一定比例的安全施工保证金。

（10）落实承包商安全施工职责，建立了各级安全责任制度，人员配套齐全，要求建立安全考核制度。

6.5.2　施工中安全文明控制

（1）对现场道路、消防设施、力能保护、高空保护、设备保护、危险作业、残料收集、安全检察、警示标牌等设施的抽查；发现问题及时发出通知，限期整顿，严重威胁人员、设备、财产的安全时，总监理工程师有权下达工程暂停令，同时报建设单位，责令整改，达到要求后，签发复工报审表。

（2）严格安全文明施工的考核制度，监理工程师会同建设单位进行安全文明施工大检查，定时考核奖罚促进安全文明施工。

（3）监理工程师经常巡视现场，对习惯性违章表现，诸如：高空作业违章、物体打击违章、机械伤害违章、带电作业违章、气瓶使用违章等方面进行严格地管理，预防七种恶性事故的发生。

（4）监理会同建设单位定期检查安全保证体系落实情况、管理制度执行情况、安全设施完善情况、安全施工措施实施情况、安全事故处理情况以及安全施工存在问题的整改情况，检查承包商执行"五同时"和"三不放过"的情况。

（5）安全专业监理工程师督促承包单位做好安全统计和管理工作，督促承包单位按照水利水电建设施工企业的要求，按公司、工地、班组三级分别建立完善齐全的安全管理帐、表、册、卡，并定期进行检查。

（6）督促承包单位对其分包的单位和临时工加强管理，防止以包代管和以罚代管，对其安全保证体系进行检查。

（7）严格执行防止质量通病措施，对施工工艺水平严格控制。

（8）按"文明施工考核标准"对承包单位的工程管理、现场管理和施工工艺进行考核。安全监理工程师对承包单位按施工程序进行施工的情况、辖区总平面布置的管理情况、生产现场文明状况、设备材料堆放情况以及生活场所文明状况经常进行检查，对存在问题提出监理意见。

（9）监理月报编制安全文明内容，如实反映实际情况。

6.5.3　施工后期安全文明控制

（1）启动试运行前，监理工程师主持安全文明试运大检查，要求调试单位进行反事故演习。

（2）要求承包商编制安全月报和年报，按规定向有关部门上报职工伤亡报表。

（3）总监理工程师参与进行安全事故调查和处理，严格按照规定和要求，坚持实事求是和尊重科学的原则，对事故进行调查、分析、处理、统计和上报。根据事故等级，提出事故报告，对发生原因、处理过程及结果，按照规定程序进程呈报，并按"三不放过"的原则进行善后处理。

（4）监理如实反映事故发生的情况，特别对设备保护、建筑物的保护、人身安全保护的措施分析提出监理意见。

（5）机组通过启动试运行后，按照机组建设质量总评的要求，填报"安全文明生产检查评分表"。

（6）参加达标投产的验评，对安全管理和施工工艺文明生产进行检查。

6.6　合同管理的主要措施

（1）如有条件，监理参与招标阶段工作的定标和合同谈判，因为选择理想的施工单位和签订好合同是管理好合同的重要环节。对已签订的各类合同应由监理工程师进行复查，出现问题向建设单位提出建议。

（2）监理建立合同管理档案，记录执行情况，并对合同进行责任分析和风险预测和评价，建立合同管理体系，特别是合同数据档案网络系统，进行计算机管理。

（3）严格控制合同的分包，如确实需分包，需经建设单位同意，严禁合同倒手转包及再分包。

（4）合同中的质量控制，应按合同规定的标准对其工程技术、设备材料及其形式质量的过程进行全程性的监督和强制性的贯彻，按合同或补充协议的约定进行考核、检验和奖罚。

（5）合同中的进度控制是在保证工程质量的基础上进行，监理在保证合理施工状态下，进行进度调正，正确处理赶工、暂停等问题，合同中应有奖罚条款。

（6）合同中投资控制，按合同规定的价款进行监理的总目标控制、合理、公正处理价款调整、预付款、进度款、月结算、决算等。

对索赔处理，必须收集和获取凭证，凭证必须真实、客观，依据合同条款进行处理，当合同存在缺陷时，应及时提出，由合同双方解决。

对执行过程中，发生工程量变动、安全保护、文物保护、专利技术、特殊工艺、不可抗力、工程保险、工程暂停、工程缓建等引起费用变动，监理首先依据合同条款进行控制，如条款中没有规定，首先以有关规定进行处理，再以习惯做法提出监理意见，协商解决。

（7）总监理工程师组织专业监理工程师对施工中发生的工程暂停和工程变更对工期、费用的影响认真进行评估，严格进行管理，并按合同规定与各方进行协商。

（8）对合同要进行跟踪管理，不断充实合同数据库，准确及时地记录工程变更、工程暂停和复工、质量缺陷和事故、工程延期及延误、合同争议及调解，在合同执行过程中不断完善网络，协调合同之间的接口，预测合同风险，及时协调处理。

（9）合同中的档案管理，监理应进行分类，实行动态管理，对合同执行过程中形成的补充合同、文函、协议、记录、签证、电文进行登记、备用，应及时录入合同数据库。工程结束时，整理移交。

6.7　信息管理方法及措施

6.7.1　信息的管理

（1）监理部设立专职信息工程师，制定《监理部文件和信息管理制度》，并做好收集、分类、存储、传递、反馈等工作。

（2）信息管理软件：办公自动化软件采用 office 97 软件、项目管理软件，根据建设单位的授权范围，可采用 MP 和 P3 需和建设单位进一步协商确定。

（3）建立工程项目在质量、进度、投资、安全、合同等方面的信息和管理网络，在建设单位和设计、施工、设备、调试等单位的配合下，收集、发送和反馈工程信息，形成信息共享。

6.7.2　信息收集

监理的信息来自：

（1）建设单位及上级主管单位的文件、工程前期文件、工程实施要求、工程图纸，由总监理师负责收集。

（2）建设单位有关工程实施的文件、计划、报告；会议、通报；总结、管理制度、各建设单位的工程活动。由信息员收集。

（3）各施工、安装单位的有关工程进度、质量验评、费用变动、施工方案、工程变更、安全文明、设备人力等施工文件、报告及各类通知单、联络单等，由专业监理工程师收集。

（4）各厂家的文件、图纸、说明书资料、设备监造、缺陷情况的信息，由专业监理工程师收集。

（5）各有关设计院的设计变更资料等，由专业监理工程师收集。

（6）监理工程师的各类监理工作文件，各监理工程师提供。

（7）监理内部的各类文件：监理合同、规划、细则、操作文件、发出文函、分析报表、监理大事记，监理日志，由信息员收集。

6.7.3　信息分类、整理、存储

（1）监理信息分静态库、动态库。

1）静态库分类、存储。

——投资方及上级指导性文件、招投标及合同文件、前期文件、原始资料等。

——设计文件、设备文件等。

——工程建设标准、技术标准、法规等文件。

——各单位（含监理部）管理制度、质量体系文件、企业标准。

2）动态库分类、存储。

——来往文函、会议文件。

——建设动态资料、有关进度、质量、费用的动态管理资料。

——设计变更、工程变更、事故报告、施工及设备缺陷管理等。

——监理作业文件（发出文函、通知单、联系单、验证单、质量记录文件、各类专题报告、监理月报等）。

——监理统计资料、监理日志等。

6.7.4　信息传递和管理

（1）静态信息由总监理师、总工、总经师批阅后由信息员传递后收回，进行归档。

（2）动态信息由总监理师、总工、总经师、专业监理工程师批阅后，提出意见、办理。实行闭环管理，即什么事、怎么处理、处理结果、证实文件等由信息员跟踪封闭。

（3）信息利用。信息是管理的核心，是沟通内外的中枢，必须进行加工处理后以便提供监理工程师有效利用。

（4）文档资料管理。监理部制定有《项目监理部文件资料管理规定》；对其文件的分类、批阅、标识进行传递、登记、查询、整编、入网等。

6.8　监理协调工作

6.8.1　建立三级协调机制

（1）以建设单位为主体，对工程建设重大问题进行协商决定。

（2）以监理为中心，以周例会形式，对现场各单位的施工配合问题进行协调处理。

（3）以专业监理工程师为中心，对专项问题进行专题协调研究。

6.8.2　监理的协调工作

（1）工程技术协调。

由于对合同、技术规定、规程、技术结果判断的理解不一致而发生的分歧，监理应以熟练的知识进行分析，抓住关键，以耐心、诚心科学态度进行协调，无效时，可报请质监站仲裁。

（2）现场各单位之间的协调。

参与工程各单位之间一般是没有合同关系，在有限时间、有限空间工作必然发生工作矛盾，如工序交叉、时间交叉、场地交叉等，监理应进行协调。

（3）监理与建设单位之间的协调。

监理是受建设单位委托从事工程技术服务，双方是合同关系，监理以监理合同为准，开展各项工作。通过监理规划、监理细则明确工作内容、程序，当监理合同中没有明确规定的，应由总监理工程师协调，并取得共识。

各专业监理工程师在工作时，应与建设单位进行专业对口联系，协调共识。

（4）监理与设计单位的协调。

设计与监理单位无合同关系，监理应通过项目建设单位进行协调，但工程技术问题可以展开

讨论，但裁定必须由建设单位进行。

（5）监理与质监站的协调。

质监站是属政府行为在工程现场工作的，同时对监理也进行监督，管理。由于质监站与监理在工程质量目标一致，双方应相互支持。但工作性质和职责不一致，会发生需要事先协调工作，如验收标准、评定范围，工程报告等问题，必须事前协商，产生共识，协调一致，共同工作。

7. 监理程序

监理作业必须按规定程序工作，每项工作程序将在本工程的监理规划、细则作具体阐明。

8. 监理组织、人员构成、职责

8.1 监理组织设计的原则

（1）按照效率原则做好组织设计，选择有资格的监理工程师，成立施工项目监理机构。

（2）按照权责一致的原则，实行总监负责制，以总监为中心开展监理工作。

（3）按照集权与分权相统一的原则，组织有效的组织结构，具有专业齐全的技术力量。

（4）按照专业分工与协作统一的原则，明确岗位职责。

8.2 监理组织（略）

8.3 人员构成（略）

总监理工程师；

总监代表；

总工程师；

总经济师；

工程技术科长；

土建专业监理工程师；

结构专业监理工程师；

测量专业监理工程师；

电气专业监理工程师；

机电专业监理工程师；

水文专业监理工程师；

技经专业监理工程师；

计划管理监理工程师；

安全监理工程师；

设备采购监理工程师：（按合同要求设置）

办公室主任；

信息工程师；

办事员；

8.4 职责

详见《项目监理部组织机构及各类人员的基本职责》（略）。

8.5 项目监理部工作制度

详见《项目监理部工作制度》（略）。

8.6 监理人员守则、纪律

详见《监理人员守则及监理人员工作纪律》（略）。

第四章　监理机构及监理规划

1　监理机构的组织及组织设计

1.1　组织及组织结构

（1）组织。

组织是管理的一项重要职能。建立精干、高效的监理组织，并使之得以正常运行，是实现监理目标的前提条件。所谓组织，就是为了使系统达到它的特定的目标，使全体参加者经分工与协作以及设置不同层次的权利和责任制度而构成的一种人的组合体。它对组织的要求。

1）根据监理目标来设立监理机构的组织，目标是组织存在的前提。

2）在监理机构内必须进行分工与协作，没有分工与协作就不是组织。

3）没有不同层次的权力和责任制度就不能实现组织活动和组织目标。

（2）组织结构。

组织内部各构成部分和各部分间所确立的较为稳定的相互关系和联系方式，称之为组织结构。

1）组织结构与职权形态之间存在着一种直接的相互关系。职权指的是组织中成员间的关系。职权关系的格局就是组织结构，职权的概念与合法地行使某一职位的权力是紧密相关的，而且是以下级服从上级的命令为基础的。

2）组织结构与职责的关系。组织结构与组织中各部门的职责和责任的分派直接有关。有了职位也就有了职权，从而也就有了职责，组织结构为责任的分配和确定奠定了基础。

3）组织结构图。组织结构图是组织结构简化了的抽象模型。

1.2　组织设计

组织设计就是对组织活动和组织结构的设计过程。有效的组织设计在提高组织活动效能方面起着重大的作用。

（1）组织构成因素。

组织构成一般由管理层次、管理跨度、管理部门、管理职责四大因素组成。各因素是密切相关、相互制约的。在组织结构设计时，必须考虑各因素间的平衡与衔接。

1）合理的管理层次。

管理层次通常分为决策层、协调层和执行层、操作层。决策层的任务是确定管理组织的目标和大政方针；协调层主要是参谋、咨询职能；执行层是直接调动和组织人力、财力、物力等具体活动的基层负责人；操作层是从事操作和完成具体任务的。

管理层次不宜过多，否则是一种浪费，也会使信息传递慢、指令走样、协调困难。

2）合理的管理跨度。

管理跨度是指一名上级管理人员所直接管理的下级人数。管理跨度大小取决于需要协调的工作量。确定适当的管理跨度，需根据积累的经验并在实践中进行必要的调整。

3）合理划分部门。

组织中各部门的合理划分对发挥组织效应是十分重要的。部门的划分要根据组织目标与工作内容确定，形成既有相互分工又有相互配合的组织系统。

4）合理确定职能。

组织设计中确定各部门的职能，应使纵向的领导、检查、指挥灵活，达到指令传递快捷，信息反馈及时。也要使横向各部门间相互联系、协调一致，使各部门能够有职有责、尽职尽责。

（2）组织设计原则。

1）集权与分权统一的原则。

在组织中不存在绝对的集权，也不存在绝对的分权。在形成监理组织设计中，采取集权形式还是分权形式，要根据工作的重要性，总监理工程师的能力、精力及监理工程师的工作经验、工作能力等综合考虑确定。

2）专业分工与协调统一的原则。

分工就是按照提高监理的专业化程度和工作效率的要求，把形成监理组织的目标、任务分成各级、各部门、每个人的目标、任务，明确干什么、怎么干。

在组织中有分工还必须有协作，明确部门之间和部门内的协调关系与配合办法。

在协作中应强调：①主动协调是至关重要的，找出易出矛盾之点，加以协调；②对于协调中的各项关系，应逐步走上规范化、程序化，应有具体可行的协调配合办法。

3）管理跨度与管理分层统一的原则。

管理跨度与管理层次是成反比例关系。也就是说，管理跨度如果加大，那么管理层次就可以适当减少；反之如果缩小管理跨度，那么管理层次肯定就会增多。

4）一致的原则。

权责一致的原则就是在监理组织中明确划分职责、权力范围，做到责任和权力相一致。从组织结构的规律来看，只有做到有职、有权、有责、才能使组织系统得以正常运行。

5）才、职相称的原则。

每项工作的完成需要具备一定知识和技能，只有人员现有或可能有的才能与其职务要求相适应，才能做到才、职相称，人尽其才，才得其用，用得其所。

6）效率原则。

现代化管理要求组织高效化。组织结构中为了完成统一的目标，结合成最适宜的结构形式，实现最有效的内部协调和办事简捷正确，并有灵活的应变能力。

7）弹性原则。

组织结构既要有相对的稳定性，又要随条件变化进行相应调整。

2　项目监理机构的组织机构

2.1　建立项目监理机构的几个问题

（1）组建原则和依据。

组建项目监理机构是依据委托监理合同中所规定的监理范围和内容，有的业主仅要求质量和安全作为监督内容，因此监理目标也相应做调整，但一般工程项目的监理目标总是四项控制。其次管理工程范围不同，对项目监理机构的组织结构也有较大的影响。因此，在组建监理机构时首先将监理范围和内容明确。

（2）组织结构设计。

1）确定组织结构形式。

由于工程项目规模、性质、建设阶段的不同，可以选择不同的监理组织机构形式以适应监理工作需要。结构形式的选择应考虑有利于项目合同管理，有利于控制目标，有利于决策指挥，有利于信息沟通。

2）合理确定管理层次。

大中型工程全过程和全方位监理的监理组织结构中一般应有四个层次：①决策层，由总监理工程师和总监代表组成；②协调层，由总工程师或总经济师组成；③执行层，由科长/部长和子项目负责人组成；具体负责监理规划的落实，目标控制及合同实施管理。属承上启下管理层次；④作业层（操作层），由监理工程师和监理员、检查员等组成，具体负责监理工作的操作。

3）制定岗位职责。

岗位职务及职责的确定，要有明确的目的性，不可因人设事。根据责权一致的原则，应进行适当的授权，以承担相应的职责。

（3）制定工作流程与考核标准。

为使监理工作科学、有序进行，应按监理工作的客观规律性制定工作流程，规范化地开展监理工作，并应确定考核标准，对监理人员的工作进行定期考核，包括考核内容，考核标准及考核时间，施工阶段监理工作流程如图4-1所示。项目总监理工程师岗位职责考核标准和专业监理工程师岗位职责考核标准如表4-1、表4-2所示。

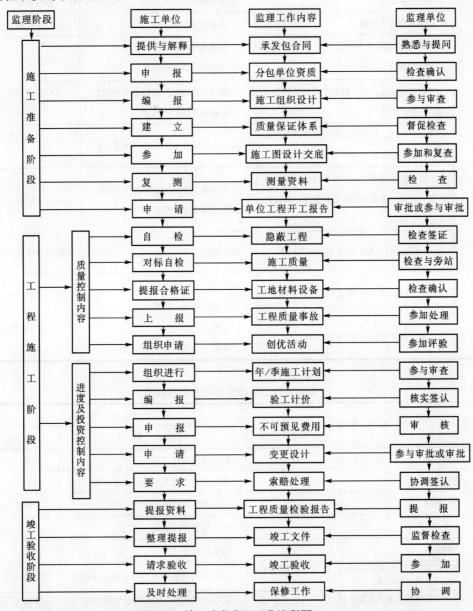

图 4-1　施工阶段监理工作流程图

2.2　工程项目建设监理的组织形式

（1）直线制监理组织。

这种组织形式是最简单的，它的特点是组织中各种职位是按垂直系统直线排列的。它可以适用于监理项目能划分为若干相对独立子项的大、中型建设项目，如图4-2所示。总监理工程师负责整个项目的规划、组织和指导，并着重整个项目范围内各方面的协调工作。子项监理组分别负责子项目的目标值控制，具体领导本专业或专项监理组的工作。

　　还可按建设阶段分解设立直线制监理组织形式，如图 4-3 所示。此种形式适用于大、中型以上项目，且承担包括设计和施工的全过程工程建设监理任务。

表 4-1　　　　　　　　　　　项目总监理工程师岗位职责考核标准

项目	职责内容	考核要求	
		标　准	完成时间
工作指标	项目投资控制	符合投资分解规划	每月（季）末
	项目进度控制	符合合同工期及总控制进度计划	每月（季）末
	项目质量控制	符合质量评定验收标准	工程各阶段
	项目安全施工控制	符合安全管理规定	过程各阶段
基本职责	根据业主的委托与授权，代表监理单位负责和组织项目的监理工作	1. 协调各方面的关系； 2. 组织监理活动的实施	
	根据监理委托合同主持制定项目监理规划，并组织实施	1. 对项目监理工作进行系统的策划； 2. 组建好项目监理班子	合同生效后 1 月
	审核各子项、各专业监理工程师编制的监理工作或实施细则	应符合监理规划、并具有可操作性	各子项专业监理开展前 15 天
	监督和指导各子项、各专业监理工程师对投资、进度、质量和安全进行监控，并按合同进行管理	1. 使监理工作进入正常工作状态； 2. 使工程处于受控状态	每月末检查
	做好建设过程中有关各方面的协调工作	使工程处于受控状态	每月末检查、协调
	签署监理组对外发出的文件、报表及报告	1. 及时； 2. 完整、准确、严密	每月（季）末
	审核、签署项目的监理档案资料	1. 完整； 2. 准确、真实	竣工后 15 天或依合同约定

表 4-2　　　　　　　　　　专业监理工程师岗位职责考核标准

项目	职责内容	考核要求	
		标　准	完成时间
工作指标	投资控制	符合投资分解规划	月末
	进度控制	符合合同工期及总控制进度计划	月末
	质量控制	符合质量评定验收标准	工程各阶段
	安全施工控制	符合安全管理规定	工程各阶段
	合同管理	按合同约定	月末
基本职责	在项目总监理工程师的领导下，熟悉项目情况和本专业监理的特点和要求	制定本专业监理工作计划或实施细则	实施前 1 个月
	具体负责组织本专业监理工作	监理工作有序，工程处于受控状态	每周（月）检查
	做好与有关部门之间的协调工作	保证监理工作及工程顺利进展	每周（月）检查、协调
	处理与本专业有关的重大问题并及时向总监理工程师报告	及时、如实	问题发生后 10 日内
	负责与本专业有关的签证、对外通知、备忘录，以及及时向总监理工程师的报告、报表资料	及时、如实、准确	
	负责整理本专业有关的竣工验收资料	完整、准确、真实	竣工后 10 天或依合同约定

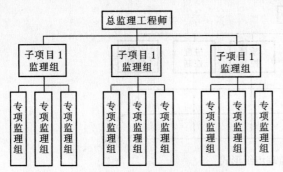

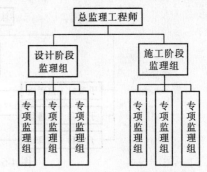

图 4-2　按子项划分的直线制监理组织形式　　　图 4-3　按建设阶段划分的直线制监理组织形式

这种组织形式的主要优点是机构简单、权力集中、命令统一、职责分明、决策迅速、隶属关系明确。缺点是实行没有职能机构的"个人管理"，这就要求总监理工程师博晓各种业务，通晓多种知识技能，成为"全能式"人物。

（2）职能制监理组织。

职能制的监理组织形式，是总监理工程师下设一些职能机构，分别从职能角度对基层监理组进行业务管理，这些职能机构可以在总监理工程师授权的范围内，就其主管的业务范围，向下下达命令和指示，如图 4-4 所示。此种形式适用于工程项目在地理位置上相对集中的工程。

这种组织形式的主要优点是目标控制分工明确，能够发挥职能机构的专业管理作用，专家参加管理，提高管理效率，减轻总监理工程师负担。缺点是多头领导，易造成职责不清。

（3）直线职能制监理组织。

直线职能制的监理组织形式是吸收了直线制组织形式和职能制组织形式的优点而构成的一种组织形式，如图 4-5 所示。

这种形式的主要优点是集中领导、职责清楚，有利于提高办事效率。缺点是职能部门与指挥部门易产生矛盾，信息传递线长，不利于互通情报。

（4）矩阵制监理组织形式。

矩阵制监理组织是由纵横两套管理系统组成的矩阵形组织结构：一套是纵向的职能系统；另一套是横向的子项目系统，如图 4-6 所示。

（5）水电工程常见监理组织形式。

水电工程由于实施周期长，经常将设计阶段和施工阶段的监理分开，也有的将施工阶段分成土建和安装调试工程，其监理组织结构如图 4-7 所示。

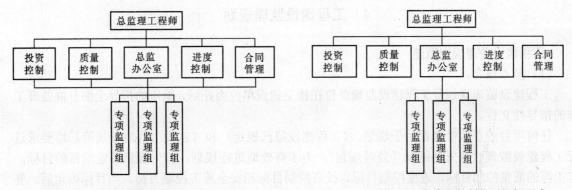

图 4-4　职能制监理组织形式　　　　　图 4-5　直线职能制监理组织形式

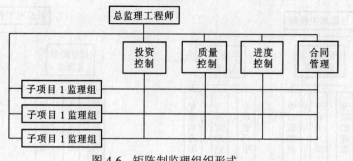

图 4-6　矩阵制监理组织形式

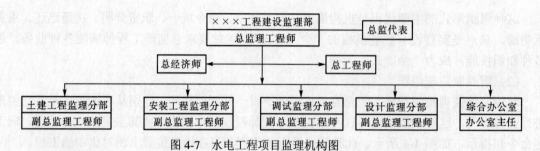

图 4-7　水电工程项目监理机构图

3　监理机构人员构成

3.1　项目监理机构人员构成

（1）以大型水电工程为例，项目监理机构的人员构成如下：

1）决策层：总监理工程师/总监代表。

2）协调层：总工程师、总经济师、副总监。

3）执行层：工程科长、工程技术专责监理工程师、技经科科长、技经专责监理工程师。

4）操作层：工程技术监理工程师、技经监理工程师、监理员、信息员。

（2）水电工程技术监理工程师的专业划分（略）。

3.2　监理人员岗位规范

监理单位对本单位各类监理人员的主要职责和任职条件（职业道德、文化程度、专业知识、实际工作能力、工作经历、身体条件）应按 GB50319—2000《建设工程监理规范》的要求，做出规定和要求。这是监理单位资源管理的重要组成部分。

4　工程建设监理规划

4.1　工程建设监理规划概述

（1）基本概念。

工程建设监理规划是工程建设监理单位在接受建设单位委托后，编制的指导全面开展监理工作的指导性文件。

任何项目的正常管理都始于规划。《工程建设监理规定》和《建设工程监理规范》均要求进行工程建设监理时首先要编制"监理规划"。为了有效地进行规划，首先必须确定项目的目标，即工程的质量控制目标、进度控制目标、投资控制目标和安全施工控制目标。当目标确定后，要制定实现目标的可行计划和有效的措施。计划确定之后，计划中涉及的工作将落实到人，工作的深化产生出组织机构。为了使项目管理组织机构有效地发挥职能，必须明确该组织机构中每个人的职责、任务和权限。只有这样才能实现项目的总目标。这也是编制工程建设监理规划的目的所在。工程建设监理规划是监理人员有效地进行监理工作的依据和指导性文件。

监理规划编制完成后，应向业主单位报送，已向业主报送的监理规划，就成为政府的工程建设监理主管机构对监理单位实施监督管理的重要依据，也成为业主考核监理单位履行监理合同的主要依据。

（2）工程建设监理规划必须根据监理委托合同和监理项目的实际情况来制定。编制前应收集有关资料，作为编制依据，如表4-3所示。

表4-3   监 理 规 划 编 制 依 据

编 制 依 据		资 料 名 称
反映项目特征的资料	设计阶段监理	1. 可行性研究报告或计划任务书； 2. 项目立项批文； 3. 工程设计基础资料； 4. 城市接口资料
	施工阶段监理	1. 设计图纸和施工说明书； 2. 施工组织设计大纲； 3. 施工合同及其他工程建设合同； 4. 施工许可资料
反映业主对项目监理要求的资料		监理委托合同；反映监理工作范围和内容； 项目监理大纲
反映项目建设条件的资料		1. 当地的气象资料和工程地质及水文地质勘测资料； 2. 当地建筑材料供应状况的资料； 3. 当地交通、能源和市政公用设施的资料
放映当地建设政策、法规方面的资料		1. 工程建设程序； 2. 招投标和建设监理制度； 3. 工程造价管理制度等； 4. 有关的法律、法规、规定及有关政策
工程建设方面的法律、法规建设规范、标准		中央、地方和部门的政策、法律、法规，包括勘测、设计、施工、质量验评等方面的法定规范、规程、标准等

4.2 工程建设监理规划内容

工程建设监理规划是在工程建设监理合同签订以后编制的指导监理机构开展监理工作的指导性文件。因此，监理规划较监理大纲在内容和深度上更为详细和具体，监理大纲是编制监理规划的依据。在项目总监理工程师的主持下，以监理合同、监理大纲为依据，根据项目的特点和具体情况，充分收集4.1节所列项目资料，结合监理单位自身的情况编写。

工程建设监理规划的内容如下。

4.2.1 工程项目的概况

（1）工程项目名称。

（2）工程项目建设地点。

（3）工程项目组成及建筑规模及主要设备概况。

（4）建筑工程主要特点/安装工程主要特点。

（5）预计工程投资总额。

（6）工程项目计划工期。

（7）设计单位及承包单位名称。

（8）简述工程项目特点。

4.2.2 监理工作依据

（1）国家和地方颁发的建设工程的相关法律、法规及项目审批文件。

（2）与建设项目有关的国家和行业颁发的标准、设计文件、技术资料。

（3）监理大纲、委托监理合同文件以及建设项目相关的合同文件。

（4）设备制造厂商提供的图纸和技术文件。

（5）行业管理制度和规定。

4.2.3 工程项目建设监理的阶段、范围和目标

1. 工程项目建设监理阶段

工程项目建设监理阶段是指工程建设监理单位所承担监理任务的工程项目建设阶段，在监理合同中有明确的规定，可能进行监理的阶段如下：

（1）工程项目立项阶段的监理。

（2）工程项目设计阶段的监理。

（3）工程项目招标阶段的监理。

（4）工程项目施工阶段的监理（含保修阶段）。

2. 工程项目建设监理的范围

（1）项目监理的工程范围。工程建设监理单位所承担的工程监理的范围，可能是全部工程项目，也可能是某分项工程项目，这在监理合同上已确定。

（2）工程项目建设监理的服务范围。一般应为对工程建设进行投资控制、进度控制、质量控制、施工安全控制以及进行工程建设的合同管理，协调有关单位之间的工作关系。有的业主仅委托进行质量控制。监理服务范围应以委托监理合同为依据。

3. 工程项目的监理的目标

（1）投资目标。

（2）工期目标。

（3）质量目标。

（4）安全施工目标。

4.2.4 工程项目建设监理工作主要内容

1. 工程项目决策阶段

（1）投资项目的决策咨询。

（2）项目建议书。

（3）项目可行性研究。

（4）技术经济论证。

（5）编制工程建设匡算。

（6）组织编制设计任务书。

2. 勘测设计阶段

（1）勘测阶段。

1）审核初步勘察和详细勘察的实施方案，并提出审核意见。

2）项目监理机构应定期检查勘察工作的实施及其进展情况，要求勘察单位按照勘察合同规定的范围、内容、期限和深度完成勘察工作。

3）项目监理机构应按有关规范、文件的要求核查各阶段的勘察报告内容和成果，并向业主提出书面报告。

（2）方案设计阶段。

1）项目监理机构应督促设计单位按照设计合同规定的范围、内容、期限和深度提交方案设计文件。

2）项目监理机构应审核方案设计并提出评估报告。

3）项目监理机构应协助业主组织方案设计的专家评审。

4）方案设计审批后，根据批准的装机方案配合业主进行主机设备招标，审查设备规范书，起草订货合同书和有关附件资料。

（3）初步设计阶段。

1）项目监理机构应检查设计单位按照设计合同规定的范围、内容、期限和深度提交初步设计文件。

2）项目监理机构应核查初步设计阶段的设计成果，并组织技术力量对初步设计提出优化建议，并提出监理报告。

3）项目监理机构应审核初步设计概算，并提出核查报告。

4）项目监理机构应协助业主组织初步设计的专家评审。

5）初步设计审批后，配合业主进行主要辅机设备招标。

（4）施工图设计阶段。

1）项目监理机构应督促设计单位按照设计合同规定的范围、内容深度和期限提交施工图设计文件。

2）项目监理机构应核查图设计阶段成果，对一、二级图进行确认，并提出监理报告；

3）项目监理机构应审核施工图预算，并提出审核报告。

3. 施工招标阶段

（1）拟订工程项目施工招标方案并征得业主同意。

（2）准备工程项目施工招标条件。

（3）办理施工招标申请。

（4）编写施工招标文件。

（5）参加编制施工招标标底，经业主认可后，报送所在地方建设主管部门审核。

（6）协助业主进行工程项目施工招标工作。

（7）组织现场勘察与答疑会，回答投标人提出的问题。

（8）协助业主开标、评标及决标。

（9）协助业主与中标单位商签承包合同。

4. 施工阶段

（1）施工阶段质量控制。

（2）施工阶段进度控制。

（3）施工阶段投资控制。

（4）施工阶段安全控制。

（5）合同管理。

（6）信息管理。

（7）委托的其他服务。

4.2.5　工程项目监理的目标控制措施

（1）质量控制。

1）事前控制措施。

2）事中控制措施。

3）事后控制措施。

（2）进度控制。

1）事前控制措施。

2）事中控制措施。

3）事后控制措施。

（3）投资控制。

1）事前控制措施。

2）事中控制措施。

3）事后控制措施。

（4）安全控制。

（5）信息管理。

1）信息资料的编码统计。

2）信息目录表。

3）信息管理制度。

4）信息签认流程。

（6）合同管理。

1）合同的风险分析。

2）合同执行措施及执行情况记录表。

3）合同管理制度。

4）工程索赔（索赔报告、索赔凭证、协调情况、监理意见、处理记录）。

4.2.6　监理工作程序

4.2.7　监理机构的组织形式及职责范围

（1）监理组织结构图和人员构成（以图表形式）。

（2）总临理工程师（项目负责人）职责。

（3）监理工程师职责。

（4）监理员职责。

（5）其他管理人员的职责。

4.2.8　监理机构的人员配备计划

4.2.9　工程项目监理的工作制度

（1）施工图纸（一、二级图）设计确认办法。

（2）工程估算、概算审核制度。

（3）编制招标文件有关规定。

（4）施工图纸会审及设计交底制度。

（5）施工组织设计审核制度。

（6）工程开工审批制度。

（7）工程材料、半成品质量检验制度。

（8）隐蔽工程分项（分部）工程质量验收制度。

（9）工程质量验收制度。

（10）技术经济签证制度。

（11）设计变更管理制度。

（12）工程变更管理制度。

（13）设备接收即开箱验收制度。

（14）设备材料管理制度。

（15）技术检验制度。

（16）不符合项处理办法。

（17）质量事故处理管理办法。

（18）施工文件管理制度。

（19）工程款支付签认制度。

（20）工程结算管理制度。

（21）工程索赔签认制度等。

4.2.10　项目监理组织内部工作制度

（1）监理机构岗位责任制度。

（2）监理文件管理制度。

（3）监理作业计划编制办法。

（4）监理机构财务管理办法。

（5）监理报告制度。

4.3　工程建设监理规划示范本

（1）水闸工程设计阶段监理规划（见示例 4-1）。

（2）水电工程施工阶段监理规划（见示例 4-2）。

示例 4-1　水闸工程设计阶段监理规划

1.目的

为在水闸勘察设计阶段对设计成品质量进行监理，有必要对设计全过程进行有效地监督和管理，确保实现工程项目建设总目标，为业主提供满足安全可靠、经济适用和符合国情的设计成品，为了更好执行委托监理合同，更好为业主服务，特编制本规划，为监理单位实施时参考。

2.适用范围

本规划适用于水利工程的全过程设计阶段监理工作，当仅仅承担部分设计阶段的监理时，可参考本规划。

3.引用标准及编制依据

3.1　引用标准

国家主席令第 21 号《中华人民共和国招标投法》

国务院令第 279 号《建设工程质量管理条例》

国务院令第 293 号《建设工程勘察设计管理条例》

水利部水建管［1999］673 号《水利工程建设监理规定》

建设部令第 81 号《实施工程建设强制性标准监督规定》

建设部建设［2000］167 号《建设工程勘察质量管理办法》

3.2　依据文件

委托监理合同；

监理投标文件：监理大纲；

经会审后的施工图设计文件；

设备图纸和技术文件；

行业管理制度和规定。

4.职责

4.1　本规划由监理单位工程技术部门管理

4.2　本规划由项目监理机构负责组织执行

5.内容与要求

5.1　工程概况

5.1.1　工程名称：＿＿＿＿＿＿＿新（扩、技改）建工程

5.1.2　建设单位：_____

5.1.3　工程地点：

5.1.4　工程规模

5.1.5　主要设备：

启闭机：_____

闸门：_____

集控设备：_____

5.1.6　工程特点：

防洪标准：_____

结构型式：_____

设计流量：_____

底板结构：_____

集控装置：_____

电视监控：_____

启闭机：_____

附属工程：_____

5.1.7　设计单位

总体设计单位：_____

设计分包单位：_____

5.2　设计阶段监理范围

5.2.1　监理工程范围

临时工程：_____

基础工程：_____

主体结构：_____

上、下游联结段：_____

闸门制造和安装：_____

电气工程：_____

附属工程：_____

生活建筑：_____

5.2.2　设计阶段监理工作的阶段划分

（1）勘测阶段：_____

（2）初步设计阶段：_____

（3）施工图设计阶段：_____

（4）施工配合阶段：_____

5.2.3　设计阶段监理工作范围

对 5.2.1 条所列监理工程范围和 5.2.2 条所列监理工作阶段内的设计工作，进行质量、进度、投资和安全控制，并且协助业主对设计进行中的有关问题进行协调，及时向业主提供设计监理的信息，对设计方案和成品进行审查，及时提出监理意见。

5.3　勘察设计阶段的监理目标

5.3.1　勘察设计阶段监理的质量目标

（1）初步设计和施工图设计均应符合有关设计审批文件。

（2）勘察设计文件应符合国家和行业现行的有关规范、规程和技术规定的要求，执行国家和行业有关建设标准以及国家发布的强制性标准。

（3）初步设计和施工图设计均进行了优化，在优化设计中贯彻和执行了业主的意见。

（4）总体设计单位与国外图纸和设备技术接口的配合无误。

（5）设计方案满足方便施工安装，便于运行维护，实现机组安全、经济、满发和达标投产创优质工程的要求。

（6）技术经济指标达到国内同类型机组先进水平。

（7）完成设计合同所规定的优质服务的目标要求。

5.3.2　勘察设计阶段监理的进度目标

（1）按设计合同的规定或按合理设计工期交付设计。

（2）在施工工期紧迫的情况下，通过双方协商，按建设阶段进度的要求，分期交付设计，确保建设项目的总工期要求。

5.3.3　勘察设计阶段监理的投资目标

（1）初步设计概算控制在批准的可行性研究报告所列投资估算以内。

（2）施工图总预算控制在批准概算以内。

（3）施工中设计变更的费用（不包括工程变更），控制在总概算 3%以内。

5.3.4　勘察设计阶段监理的安全目标

（1）设计文件满足国家对水利工程行业的要求。

（2）施工图设计满足可行性研究报告和初步设计审批文件中对安全、消防和环保的各项要求。

（3）设计文件符合国家发布的"工程建设标准强制性条文"要求。

5.4　设计阶段监理服务内容

5.4.1　勘察阶段的监理服务内容

（1）审核初步勘察和详细勘察的实施方案，并提出审核意见。

（2）项目监理机构定期检查勘察工作的实施及其进展情况，要求勘察单位按照勘察合同规定的范围、内容、期限和深度完成勘察工作。

（3）项目监理机构应按有关规范、文件的要求核查各阶段的勘察报告内容和成果，并向业主提出书面报告。

5.4.2　初步设计阶段的监理服务内容

（1）项目监理机构应检查设计单位按照设计合同规定的范围、内容、期限和深度提交初步设计文件。

（2）项目监理机构应按下列要求核查初步设计阶段的设计成果，并组织技术力量对初步设计提出优化建议，并提出监理报告。

（3）项目监理机构应审核初步设计概算，并提出核查报告。

（4）项目监理机构应协助业主组织初步设计的专家评审。

（5）根据业主要求，在初步设计审批后，配合业主进行主要辅机设备招标。

5.4.3　施工图设计阶段的监理服务内容

（1）项目监理机构督促设计单位按照设计合同规定的范围、内容深度和期限提交施工图设计文件。

（2）项目监理机构核查一、二级施工图设计阶段成果，并提出监理报告。

（3）项目监理机构应审核施工图预算，并提出审核报告。

5.5　勘测设计阶段监理作业所遵循的标准（略）

5.6　勘察设计阶段监理措施

5.6.1　勘察设计监理的质量控制措施

参见"示例 3-1 监理大纲"进行编制。

5.6.2　设计监理的进度控制措施

参见"示例 3-1 监理大纲"进行编制。

5.6.3　设计监理投资控制措施

参见"示例 3-1 监理大纲"进行编制。

5.6.4　设计监理的安全控制

参见"示例 3-1 监理大纲"进行编制。

5.6.5　勘察设计阶段监理的信息管理

参见"示例 3-1 监理大纲"进行编制。

5.6.6　勘察设计阶段监理的合同管理

参见"示例 3-1 监理大纲"进行编制。

5.7　设计阶段监理工作程序

（1）设计阶段专业监理程序（参见图示例 3-1-1）。

（2）设计确认及图纸会审程序（参见图示例 3-1-2）。

（3）设计变更和工程变更控制流程（参见图示例 3-1-3）。

（4）设计阶段质量控制流程图（参见图示例 3-1-4）。

5.8　工程项目监理机构及人员配备

5.8.1　工程项目监理组织机构（略）

5.8.2　岗位分工

5.8.2.1　总监理工程师（略）

5.8.2.2　总监理工程师代表（略）

5.8.2.3　专业监理工程师职责（略）

5.8.2.4　信息员职责（略）

5.9　监理机构人员配备计划（略）

5.10　本工程监理部工作制度（略）

5.11　本工程监理作业制度（略）

示例 4-2　水电工程施工阶段监理规划

目　　录

一、工程概况

（一）工程规模及投资来源

本期建设规模：_____

投资方：_____、_____、_____

（二）工程组织系统

（1）工程建设单位：

（2）工程设计单位：

（3）工程施工单位：

建筑单位：

安装单位：

（4）工程监理单位：

（三）主要设备型式及供货厂家

（四）主要工程项目

（五）工程建设特点

（1）设计特点。

（2）交通特点。

（3）建设工期特点。

（4）设备特点及控制要求。

（5）施工组织设计特点。

二、工程监理的范围

（1）项目监理的工程范围。

按委托监理合同所界定的工程范围内的建筑工程和安装工程，以下工程项目由专业监理单位负责：

（2）工程项目建设监理的服务范围。

——在委托监理合同所规定的工程范围内的进度、质量、投资、安全控制，以及进行工程建设的合同管理，协调有关单位的工作关系。

——归口管理专业监理单位，并协调其关系。

三、工程监理的依据

（1）国家现行的法律、法规、条例和建设监理的有关规定。

（2）国家和行业制定的施工及验收技术规程、规范和质量评定标准。

（3）国家和主管上级下达的计划通知决定。

（4）批准的工程初步设计和经过会审的施工图纸与签证的设计变更。

（5）设备制造厂提供的设备图纸和技术文件。

（6）本工程监理合同和委托方依法对外签订的与监理有关的合同。

（7）与国外设备厂商签订的合同及附件和与国外咨询公司签订的合同。

（8）委托方按国家及行业规定制定的有关工程建设的管理制度等。

四、项目监理目标

（一）总体质量目标

按照机组移交生产达标投产的要求，使本工程全面实现投产目标、进度目标、质量目标和安全目标，机组建设质量总评为"优良"。

（二）工程质量目标

对建、构筑物分项工程质量、分部工程质量，直至单位工程质量，按工程项目质量评定办法及其相应的质量验评标准，且经质量监督站核定目标应满足施工承包合同的要求，且不应低于以下目标：

土建分项、分部工程合格率达到 100%；单位工程优良率≥75%以上。

安装分项、分部工程优良率≥90%；单位工程优良率≥85%以上。

（三）工程进度目标

按施工承包合同工程计划，一号机组完工日为开工日后××个月整；二号机组完工日为开工日之后的第××个月整，项目进度应满足施工进度，计划及工期的要求，作为进度的控制目标，其进度计划与时间周期可列表表示。

（四）投资目标

控制在审定的限额内，不突破施工图预算，不突破调整后的合同总价。

（五）安全目标

机组自开工通知之日起至移交生产期间，监督各施工承包商未发生重大人身伤亡考核事故和重大非制造性设备事故。

五、监理工作的服务内容

（1）参与初步设计阶段的设计方案讨论，核查是否符合已批准的可行性研究报告及有关设计批准文件和国家、行业有关标准。重点是技术方案、经济指标的合理性和投产后的运行可靠性。

（2）参加主要设备的招标、评标、合同谈判工作。

（3）参加初步设计图纸方案讨论，核查设计单位提出的设计文件（如有必要时，也可对主要计算资料和计算书进行核查）及施工图纸，是否符合已批准的可行性研究报告、初步设计审批文件及有关规程、规范、标准。

（4）核查施工图方案是否进行优化。

（5）参与对承包商的招标、评标，负责编制有关招标文件并参加合同谈判工作。

（6）审查承包商选择的分包单位、试验单位的资质并提出意见。

（7）参与施工图交底，组织图纸会审。

（8）审核确认设计变更。

（9）督促总体设计单位对各承包商图纸、接口配合确认工作。

（10）对施工图交付进度进行核查、督促、协调。

（11）主持分项、分部工程、关键工序和隐蔽工程的质量检查和验评。

（12）主持审查承包商提交的施工组织设计、重点审核施工技术方案、施工质量保证措施、安全文明施工措施。

（13）协助项目法人根据国家电力公司有关安全管理规定，进行安全生产管理。监督检查承包商建立健全安全生产责任制和执行安全生产的有关规定与措施。监督检查承包商建立健全劳动安全生产教育培训制度，加强对职工安全生产的教育培训。参加由项目法人组织的安全大检查，监督安全文明施工状况。遇到威胁安全的重大问题时，有权发出"暂停施工"的通知。

（14）根据项目法人制定的里程碑计划编制一级网络计划，核查承包商编制的二级网络计划，并监督实施。

（15）审批承包商单位工程、分部工程开工申请报告。

（16）审查承包商质保体系文件和质保手册并监督实施。

（17）检查现场施工人员中特殊工种持证上岗情况，并监督实施。

（18）负责审查承包商编制的"施工质量检验项目划分表"并督促实施。

（19）检查施工现场原材料、构件的质量和采购入库、保管、领用等管理制度及其执行情况，并对原材料、构件的供应商资质进行审核、确认。

（20）制定并实施重点部位的见证点（W 点）、停工待检点（H 点）、旁站点（S 点）的工程质量监理计划，监理人员要按作业程序即时跟班到位进行监督检查。停工待检点必须经监理工程师签字才能进入下一道工序。

（21）参加主要设备的现场开箱验收。检查设备保管办法，并监督实施。

（22）审查承包商工程结算书，工程付款必须有监理工程师签字。

（23）监督承包合同的履行。

（24）主持审查调试计划、调试方案、调试措施。

（25）严格执行分部试运验收制度；分部试运不合格不准进入整套启动试运。

（26）参与协调工程的分系统试运行和整套试运行工作。

（27）主持审查调试报告。

（28）编制整理监理工作的各种文件、资料、记录。

六、工程监理的方法和措施

（一）施工监理的组织措施

（1）按照效率原则做好组织设计，成立项目监理机构，选择和任用具有三年以上同类工程监理工作经验的高级工程师并具有国家注册监理工程师，同时还具有行业总监资格的，任本工程总监理工程师，并辅助以具有两年以上同类工程监理工作经验的高级工程师做总监代表，确保总监到位。

（2）监理单位将在监理合同签订后十天内将项目监理结构的组织形式、人员构成及对总监理工程师的任命书面通知建设单位。

（3）按照责权一致的原则，在监理工作中，实行总监负责制，监理规划的编制、监理细则的审查、专业监理工程师的组织协调和调用、重大设计变更的审查、开工报告和施工组织设计的审定、合同争议和索赔的调解和处理、支付证书和竣工结算的审核签署、监理文件和指令的签发以及工程竣工验收等工作，以总监为主体进行监理作业的运作。

（4）建设单位应将监理单位以及监理工程师的授权和职责通知承包单位，以取得其配合，为监理工作提供方便条件。

（5）按照集权和分权相统一的原则，组织专业齐全的技术力量，这些骨干具有一年以上同类工程监理工作经验的工程师作为专业监理工程师。

（6）按照专业分工与协作统一的原则，明确岗位责任制，规定专业监理工程师的职责和权利，总监理工程师将专业监理工程师的授权通知建设单位和承包单位。

（二）质量控制措施

1. 质量事前预控措施

（1）设计质量控制。

1）监理部的全体技术人员应全面了解工程建设前期情况，熟悉建设单位提供工程建设文件（地方资源及各种协议、审批文件、合同文件等）以掌握建设项目的指导思想和工程质量的要求。

2）组织专业监理工程师熟悉设计基础资料（工程原始资料、勘测资料、设备资料），了解设计分包单位的技术接口资料，掌握上述有关资料以便协调各方关系。

3）参加由建设单位组织的设计交底会，了解设计主导思想和设计原则、设备选型原则、工艺流程原理以及所采用的新技术、新工艺、新设备、新材料对施工的要求。总监理工程师对技术交底会议纪要要进行签认。

4）参与初步设计方案讨论，核查是否符合上级审批意见和国家、行业标准，设计方案的优化情况，建筑标准是否适当、是否满足使用功能、运行方式是否合理、符合安全经济要求，对技术方案、经济指标的合理性和可靠性提出监理意见。

5）全面复查确认设计单位提供的一、二级施工图是否进行了优化，是否符合上级审批文件和国家及行业规程规范，是否符合"工程建设标准强制性条文"要求，设计深度是否符合规定并满足施工要求、采用的设备是否满足配套要求、设计遗留问题等。如有必要可抽查一、二级计算书和重要的专业交换资料。

6）施工图深度满足设计合同的要求。

7）核查设计单位执行管理制度情况是否执行了专业资料交换制度、复查和专业设计单位以及制造厂的设计接口配合资料，各专业会签制度、成品校审制度执行情况，重要的结构图应由一级注册结构工程师签认。

8）组织设计图纸会审，对设计存在的错、漏、碰和要求设计改进的修改项目，各方达成共识，由设计单位交具设计变更。

（2）设备质量控制。

1）在设备采购阶段，复查设计单位提供的设备技术规范书，按照建设单位的要求，编制采购方案，报建设单位批准后对设计推荐的厂家进行市场调查，考察潜在的设备供应单位。当采用招标方式进行设备采购时，项目监理机构按照"监理合同规定"协助建设单位按照《水利工程建设项目重要设备材料采购招标投标管理办法》（水建管[2002]585号）和设备"招标文件范本"的要求组织招标，当采用直接招标时，协助建设单位参加技术协议谈判，商签订货合同。

2）参加建设单位主持的设备技术交底会，参加设计和制造厂家的技术联络会；当建设单位要求时，项目监理机构参加设备出厂检验。

3）做好原材料和购配件采购的监控工作，首先选择资质具备、能力满足、信誉服务优良的厂家。对到场设备和主要材料进行质量检查，做到不合格品不进场，不入库，不就位，确保质量达到优质水平。专业监理工程师对承包商报送的拟进场的工程材料、购配件和设备的质量证明资料进行审核，对需要由承包商按有关规定进行复试的材料和设备，监理人员进行见证取样或直接委托更权威的机构进行检验，对不合格的材料、购配件进行封存，未经监理工程师签证的材料，严禁在工程中使用，并签发监理通知单，限期撤出现场。

4）专业监理工程师组织设备开箱验收，检查运输、装卸质量，核查随机文件，装相单和附件，进点后移交安装单位，对备件和专用工具清点造册，对设备缺陷和缺件要取得供应商的确认。

5）对现场设备的维护保管，项目监理机构要求承包单位执行《水电基本建设设备维护保管规程》，并按规程进行定期检查。

（3）施工质量预控制。

1）在建设单位办理了招标项目批准后，监理单位可按建设单位要求或监理合同规定编制施工招标文件，建设单位确定编制原则（招标方式、标段划分、计划安排、潜在投标人资格预审等）监理单位编就后报招标管理机构审批。

2）项目监理机构参与编制标底价格，参与确定潜在投标人，参与答疑和开标、定标，协助建设单位进行合同谈判和商签承包合同。

3）工程分包需经建设单位确认，承包商在分包项目开工前，将分包商的资质证书、营业执照、特殊行业施工许可证、安全施工证书、特殊工种证书、项目经理资格证书、分包单位业绩及分包范围、省外施工企业的原籍公安机关证明等，报监理机构审查。

4）对分包单位的不称职的人员，要求承包商通知分包商予以更换，严禁分包商进行再分包。

5）监理工程师应对承包商的现场试验室的资质进行验资，检查其资质等级和实验范围，检查设备计量检定证明，对试验人员和管理人员的资格进行验证，检查试验室的管理制度是否齐全。

6）总监理工程师在开工前审查承包单位质量管理体系、技术管理体系和质量保证体系，审查其组织机构、管理制度和特殊工种资格证、上岗证。

7）组织专业监理工程师对承包商报送的施工指导文件进行审查，包括施工组织设计，专业施工组织设计，重要分部工程和关键工序、各分项工程的作业指导书、特殊项目的施工技术方案，施工质量保证措施和安全文明施工措施以及防止质量通病措施，提出审查意见由总监理工程师签认后报建设单位。

8）专业监理工程师审查承包单位报送的工程开工报审表及相关资料，应报送审查的项目如下：

——核查施工许可证，已获政府主管部批准。

——征地拆迁工作满足工程进度的需要。

——施工组织设计已获总监理工程师批准。

——承包单位现场管理人员、劳动力和机具已到位。

——主要施工材料已落实。

——五通一平已满足开工要求。

具备上述条件后由总监理工程师签发开工报审表并报建设单位。

9）配合单位工程、分部工程的开工报告的审批，对已审查的施工指导文件有变动时，要求承包商对变更部分重新报批。

10）专业监理工程师对承包商报送的工程施工测量放线成果进行审核和查验。检查测量人员岗位证书和设备检定证书，复核控制桩成果，保护措施及平面控制网和水准点成果，符合要求予以签证。

11）做好选择有能力及服务信誉高的调试单位对本工程的设备进行调试工作，以保证分系统和整套启动调试的质量。

12）当承包单位采用新材料、新工艺、新技术、新设备时，承包单位应编报施工工艺措施和证明材料，专业监理工程师组织专题评审，总监理工程师审定签认。

2. 施工中质量控制措施

（1）质量的事中控制，监理必须做到人员到位、监控手段科学、严格按规定程序工作，及时准确处理质量问题。项目监理机构应会同建设单位、质监站和承包单位组成质量见证组织，负责质量验收和评定。

（2）会同水电工程质量监督机构共同审查承包单位提交的"质量验评项目划分表"和质量验收计划，并协调质量见证程序。

（3）坚持质量验评分级管理和分级验收，承包单位负责一、二、三级验收，验收合格后，将验收记录报项目监理机构，由专业监理工程师对承包单位报送的分项工程验评资料进行审核和现场抽查，属四级验收项目，在上述审核和抽查合格后，由专业监理工程师组织四级验收，符合要求后予以签认。

（4）对单位、分部、分项工程进行检查、验收、签证工作，严格按质量见证程序进行。各专业明确见证的停工待检点（H点），现场见证点（W点），文件见证点（R点），重要工序旁站点（S点），监理人员按作业程序到位进行监督检查，对停工待检点（H点）坚持上道工序未经检验不得进行下道工序。

（5）专业监理工程师主持对隐蔽工程的质量验评，隐蔽工程作为停工待检点（H点），未经监理验收和签证，不得覆盖。进行覆盖时应有监理人员进行旁站监理。

（6）对重要部分和关键工序，对出现问题难以处理的分项工程和重点部位，也应作为停工待检点（H点）或进行旁站监理。

（7）专业监理工程师定期检查承包单位的直接影响工程质量的计量设备的技术状况。

（8）监理工程师可行使质量否决权，对重大质量问题与建设单位/建设单位代表联系，征得同意后，由总监理工程师下达停工整改命令或工程暂停令，待质量缺陷消除后，经专业监理工程师复查条件满足后，由总监理工程师签发工程复工报审表；当出现下列情况之一时，专业监理工程师报告总监理工程师指令承建单位立即停工整改：

——对停工待检点（H点）未经检验签证擅自进行下道工序。

——工程质量下降，经指出后未采取有效整改措施，或虽已采取措施，但效果不好，继续作业。

——特殊工种无证操作，致使质量不能保证。

——擅自采取未经监理批准认可的材料。

——擅自变更设计图纸的要求而未向监理报告，或报告后未经监理批准的。

——擅自将工程转包而未经建设单位同意，或虽经建设单位同意，但未经监理验资。

——采用的施工方案未经监理批准而贸然施工，已出现质量下降或不安全倾向。

（9）在施工过程中，当承包单位对已批准的施工组织设计进行调整、补充和变动时应经专业监理工程师审查，总监理工程师签认，并报建设单位。

（10）施工工程发生不合格项，根据发生的原因及性质，分为处理、停工处理、紧急处理三种，并严格按提出、受理、处理、检查、验收的程序实行封闭管理。监理必须进行过程跟踪。

（11）承包单位提出工程变更，由专业监理工程师审查，总监理工程师签认，并报建设单位，当涉及安全、环保等内容时，按规定报有关部门审定，总监签认前，工程变更不得实施。

（12）监理确认设计变更，如变更费用或工期超出监理职权以外，仅提出监理意见，报建设单位审批。

（13）对进场材料实行监理监控，不合格品严禁进场、进库。对批量材料使用实行跟踪，并监督施工安装单位完善材料使用部位的记录。

（14）对进场设备进行开箱验收后，如发现缺陷由厂家确认，并落实处理方案，明确处理单位，记录缺陷及处理过程，并由缺陷责任单位提交处理过程及结果报告，经专业监理工程师确认符合质量标准时，方可使用。

（15）发生质量事故后，专业监理工程师首先报告总监，由总监先出停工令和质量事故通知单报告建设单位，责令承包单位报送质量事故调查报告和经设计单位等相关单位认可的处理方案，专业监理工程师应参加质量事故的调查分析并提出监理意见，审查处理方案，事故处理后进行验收签证，总监理工程师写出"质量事故处理报告"报建设单位。

（16）参加质监站和质监中心站主持进行的重要阶段性监督检查，按其下达的质监大纲进行预检，提出报告，发出整改通知，在确认整改合格后，参加和配合正式检查。

质监站要求检查的项目：执行《水电工程质量监督站质量监督检查典型大纲》。

质监中心站要求检查的项目：执行《水电工程重点项目质量监督检查典型大纲》。

（17）各专业监理工程师配合技经专业监理工程师审查承包商月进度报表，对质量存在缺陷的项目应拒付工程款。

3. 施工后期的质量控制措施

（1）项目工程（分部、分项）完成四级验收后，及时向质监站申请验收及评定质量等级，工程整体完成后，督促施工安装单位按国家或行业或承包合同规定的标准，及时全面整理工程质量记录、技术资料、验评记录、缺陷事故处理、设计图纸及工程变更单、设备图纸等，做好单位工程交付验收或工程整套试运行前验收的资料准备工作。

（2）参与调试指挥部的工作，审查各专业调试方案和措施，参与审查调试网络计划，严格执行分部调试的试验制度，对分部试运不合格的项目，参与研究原因分析，未经签证的项目不准进入整套启动试验。

（3）按监理合同约定的监理职责参与启动前的检查，包括单体试运、分部试运和整套试运行，按照水利行业"启动验收规程"和"启动调试工作规定"，参与试运全过程。

（4）在启动试运行过程中，对验收检查的质量缺陷，督促施工安装单位及厂家及时消除。并经检查验收合格，提出签证单。

（5）督促承包单位按规定的时间内对备品备件和专用工具进行造册，按设备开箱记录进行清点，向建设单位移交。

（6）参与签署"启动验收证书"，对整套启动过程中发生的问题，应提出监理意见。

（7）审查由调试单位提出的调试报告和调试可靠性评价报告，协助建设单位编制上报"发电设备缺陷汇总表"和"机组注册报告"，会同质监站对建设质量提出质量总评价。

（三）进度控制措施

1. 开工前施工进度控制措施

（1）按照建设单位提出的建设进度要求，监理协助或主持一级网络图的编制工作。经审查批准后，作为指导承包商编制二级网络图的依据和进度动态管理的依据。

（2）指导和审查由总承建方编制的二级网络图，确定主要里程碑进度。

（3）按承包合同的规定，应由建设单位完成的施工外部条件，协助建设单位按期完成确保按期开工。

（4）总监理工程师审批承包单位报送的施工总进度计划和年、季、月度施工进度计划。

（5）依据一、二级网络图进度，落实施工图和设备交货进度，并及时提出存在问题，提高交货、交图的及时率。

（6）专业监理工程师依照施工合同有关条款、施工图及经过批准的施工组织设计，制定进度控制方案，对进度目标进行风险分析，制定防范性对象，经总监理工程师审定后报建设单位。

（7）依据二级网络图，督促施工安装单位编制三级网络图（单位工程进度计划）以及施工组织措施，落实机具、人力、材料等，形成并按时开工。

（8）对施工安装单位自行采购的设备、材料、购配件等要求承包单位按时进行招标，签订合同、落实交货计划、准时到场，保证项目施工安装有序进行。

（9）及时安排设计图纸会审，按合同约定的时间内审查设计变更。

（10）了解资金到位情况，向建设单位提出资金需求计划，确保工程进度。

（11）总监理工程师组织专业监理工程师认真审理单位工程开工报告，对场地、材料、劳力、设备、设计图纸、机具、施工方案、水电供给、场地、交通、安全警示、场地排水等查实后，符合条件签认开工报告，报建设单位批准。

2. 施工中进度控制措施

（1）实行月度计划报表编报制度。要求各施工、安装单位报送本月完成情况及下月计划报送给监理机构，经复查后，在监理月报中报建设单位。并将进度存在的问题以及与建设单位有关的问题提出监理意见。

（2）监理机构设专岗对进度进行控制，及时全面了解工程进度。对设备到场、主材进点、外委加工、资金到位、冬雨季安全、总平面交通等进行管理，以配合工程进度及时进行协调和调整。

（3）主持召开工地例会，协调各单位间在设计、设备、材料、施工中的影响进度的有关问题，编写会议纪要，督促检查落实解决问题。专业监理工程师根据需要及时召开专题会议，解决专项问题。

（4）实行进度的动态管理，当进度发生偏离时，分析原因、及时调整。当责任为施工安装单位时，监理及时协助承包商采取措施，进行调整，当属于建设单位方或外部原因时，监理及时会同建设单位研究对策或依据承建合同进行处理。当实际进度严重滞后于计划进度，影响关键路线的实现，由总监理工程师会同建设单位商定。

（5）对设计工代、厂家代表的服务情况，因服务不周影响进度的，应及时反馈给建设单位，以求解决。

（6）总监理工程师严格对"工程暂停和复工"进行管理，签发暂停令时要根据暂停工程的影响范围和程度，按照施工合同和委托监理合同的约定签发，签发前应就工期和费用问题与承包商进行协商，当具备复工条件时应及时签发复工报审表，由于承包单位引起的工程暂停，在承包单位报审复工时，要一并报审复工有关材料，同意后签发复工报审表。

（7）总监理工程师，严格对工程变更和设计变更进行管理，对引起工期进行评估，并与承包单位和建设单位进行协调。

（8）工程临近启动试运行时，及时召开调试协调会，对调试计划、分工和接口进行协调配合，做出规定。

（9）审查施工单位提供的分部试运计划和调试单位编制的调试网络图。

（10）项目监理机构在年度及工程总结的监理报告中，必须反映工程的进度计划，实际进度情况，分析差异原因，提出改进建议。

3. 施工后期的进度控制

（1）机组通过启动试运行后，编制设备和施工质量缺陷清单，督促有关承包单位落实缺陷进度。

（2）对调试未完项目和设备性能试验，要求承包方按合同要求的进度完成。

（3）按照施工合同的规定，受理承包单位的工程延期申请。

（4）对工程建设进度完成里程碑进度情况进行总结分析对比，并在监理总结中予以陈述。

（四）投资控制措施

1. 投资事前控制措施

（1）监理人员首先熟悉有关本工程的投资来源、工程概算、工程一级网络图、地方及投资方的财务机构、工程承建合同等概况，以方便投资控制的策划工作。

（2）参与研究概（预）算编制原则，合理确定编制原则、分项构成、取费标准、预算定额、单价核定等。

（3）项目监理机构依据施工合同有关条款和施工图设计文件，对工程项目造价目标进行风险分析，提出防范措施。

（4）依据工程总进度、概算的结构、资金到位的总体计划，协助建设单位编制工程总体投资计划和年度投资计划。

（5）项目监理机构会同建设单位制定投资控制的实施方案和操作办法，必要时可采取建设单位统一归口、项目切块包干、静态控制动态管理等方式。

（6）专业监理工程师依据批准的概算，编制设备购置、建筑工程、安装工程、主材等费用分割切块方案，作为成套订货、材料供应施工承包等、切块包干的依据。

（7）预测工程风险及可能发生索赔的诱因，制定防范措施，减少发生索赔的几率。

（8）审查施工图设计标准是否按概算进行了限额设计，如超出限额会同建设单位进行分析，必要时由设计单位做出解释。

（9）认真复核施工预算，对超出批准概算和初步设计标准的，应分析原因，必要时由编制单位提出报告，依据报告，提出监理意见，报建设单位，制定处理办法。

（10）审核承包商月进度计划。

2. 投资的事中控制措施

（1）依据投资计划，资金拨放管理办法和操作程序，监理按月编制进度计划报表，汇总各承建单位的工程量计划完成实量和资金量，报建设单位审核批准。

（2）对各承包商每月报送的计划完成统计报表，对其工作量按合同约定计量方法进行核定，总监理工程师核签工程付款凭证，报建设单位。

（3）未经监理人员质量验收合格的工程量，或不符合施工合同规定的工程量，监理人员应拒绝计量和该部分的工程款支付申请。

（4）审理单位工程开工报告，了解资金到位情况，防止提前占用资金。

（5）在审核设计变更和工程变更、施工方案时，监理工程师将从造价、项目的功能要求、质量和工期等方面审查变更方案。严格控制费用的增加，对有较大变更要求的同时附有预算编制文件，监理对其审核，并报建设单位批准。应在工程变更实施前和承包单位、建设单位确定其价款。

（6）专业监理工程师建立月完成工程量和工作量的统计台帐，对实际完成和计划完成进行对比，制定调整措施，并在"监理月报"中向建设单位报告。

（7）及时掌握设备，材料市场价格信息，依据承建合同控制超限原则并实施报批制度。

（8）运用《项目投资差异分析》方法，对投资进行分析、找出发生差异的原因，提出改进和预防措施。

（9）定期向建设单位汇报工程投资动态，不定期汇报因工程变动、超出监理职责范围以的索赔等工作。

（10）专业监理工程师及时收集、整理有关的施工和监理资料，特别是有关纠纷的取证，充实和完善合同数据档案，为公正、合理地处理工程索赔提供证据。

3. 投资的事后控制措施

（1）根据年季度投资计划，编制年季度投资报表，总结资金流向和实际效果。

（2）监理机构按施工合同的有关规定，提出工程结算方案的建议，经批准后，按结算原则审核各类工程结算书。

（3）协调处理工程发生的费用索赔和工期索赔，维护建设单位和承包商的合法利益。

（五）安全文明控制措施

1. 施工前安全文明控制

（1）监理部设置专职监理工程师或兼职监理工程师，对施工组织设计、安全施工技术措施、现场安全管理制度、安全教育、安全机构、目标、措施及各级责任制进行审查和监控。参加安全例会，进行安全考核，审查安全报表。

（2）监理部依据工程情况和"安规'要求，编制安全文明监理细则，明确职责，建立台帐，定期汇报。

（3）要求承包单位编制安全施工技术措施，交监理机构审查。审查安全措施的范围包括：重要施工工序、关键部位施工作业、特殊作业、危险性操作、季节性施工方案、重要的和大型施工临时设施、交叉作业等。

（4）对大件起吊、运输作业、特殊高空作业及带电作业等危险性作业，要有可靠的措施。

（5）监理对安全措施审核重点是场地隔离、交通防火、力能保护、高空保护、设备保护、安全保卫、危险作业防止工伤事故、杜绝重大伤亡事故以及防止中毒和改善劳动条件等具体措施。

（6）对危及环境或周围施工人员安全的施工项目，要求承包单位采用可靠的防护措施。

（7）监理机构审查分包单位资质时，审查其近三年的安全施工记录和安全保障体系情况。

（8）检查安全教育培训情况，要求承包商在施工前对从事电气、起重、司炉、焊接、爆破、爆压、架子工、机动驾驶工、机械操作工以及接触易燃易爆、有毒气体、射线、剧毒作业人员，进行安全生产培训，上述特殊工种必须持证上岗，开工前对施工人员进行安全技术交底。

（9）按建设部《安全生产工作规定》，开工前应预留一定比例的安全施工保证金。

（10）落实承包商安全施工职责，建立了各级安全责任制度，人员配套齐全，要求建立安全考核制度。

2. 施工中安全文明控制

（1）对现场道路、消防设施、力能保护、高空保护、设备保护、危险作业、残料收集、安全检察、警示标牌等设施的抽查；发现问题及时发出通知，限期整顿，严重威胁人员、设备、财产的安全时，总监理工程师有权下达工程暂停令，同时报建设单位，责令整改，达到要求后，签发复工报审表。

（2）严格安全文明施工的考核制度，监理工程师会同建设单位进行安全文明施工大检查，定时考核奖罚促进安全文明施工。

（3）监理工程师经常巡视现场，对习惯性违章表现，诸如：高空作业违章、物体打击违章、机械伤害违章、带电作业违章、气瓶使用违章等方面进行严格地管理，预防七种恶性事故的发生。

（4）监理会同建设单位定期检查安全保证体系落实情况、管理制度执行情况、安全设施完善情况、安全施工措施实施情况、安全事故处理情况以及安全施工存在问题的整改情况，检查承包商执行"五同时"和"三不放过"的情况。

（5）安全专业监理工程师督促承包单位做好安全统计和管理工作，督促承包单位按照电力建设施工企业的要求，按公司、工地、班组三级分别建立完善齐全的安全管理帐、表、册、卡，并定期进行检查。

（6）督促承包单位对其分包的单位和临时工加强管理，防止以包代管和以罚代管，对其安全保证体系进行检查。

（7）严格执行防止质量通病措施，对施工工艺水平严格控制。

（8）按"文明施工考核标准"对承包单位的工程管理、现场管理和施工工艺进行考核。安全监理工程师对承包单位按施工程序进行施工的情况、辖区总平面布置的管理情况、生产现场文明状况、设备材料堆放情况以及生活场所文明状况经常进行检查，对存在问题提出监理意见。

（9）监理月报编制安全文明内容，如实反映实际情况。

3. 施工后期安全文明控制

（1）启动试运行前，监理工程师主持安全文明试运大检查，要求调试单位进行反事故演习。

（2）要求承包商编制安全月报和年报，按规定向有关部门上报职工伤亡报表。

（3）总监理工程师参与进行安全事故调查和处理，严格按照规定和要求，坚持实事求是和尊重科学的原则，对事故进行调查、分析、处理、统计和上报。根据事故等级，提出事故报告，对发生原因、处理过程及结果，按照规定程序进程呈报，并按"三不放过"的原则进行善后处理。

（4）监理如实反映事故发生的情况，特别对设备保护、建筑物的保护、人身安全保护的措施分析提出监理意见。

（5）机组通过启动试运行后，按照机组建设质量总评的要求，填报"安全文明生产检查评分表"。

（6）参加达标投产的验评，对安全管理和施工工艺文明生产进行检查。

（六）合同管理的方法与措施

（1）如有条件，监理参与招标阶段工作的定标和合同谈判，选择理想的施工单位和签订好合同是管理好合同的重要环节。对已签订的各类合同应由监理工程师进行复查，出现问题向建设单位提出建议。

（2）监理建立合同管理档案，记录执行情况，并对合同进行责任分析和风险预测和评价，建立合同管理体系，特别是合同数据档案网络系统，进行计算机管理。

（3）严格控制合同的分包，如确实需分包，需经建设单位同意，严禁合同倒手转包。

（4）合同中的质量控制，应按合同规定的标准对其工程技术、设备材料及其形成质量的过程进行全程性的监督和强制性的贯彻，按合同或补充协议的约定进行考核、检验和奖罚。

（5）合同中的进度控制是在保证工程质量的基础上进行，监理在保证合理施工状态下，进行进度调正，正确处理赶工、暂停等问题，合同中应有奖罚条款。

（6）合同中投资控制，按合同规定的价款进行监理的总目标控制，合理、公正处理价款调整、预付款、进度款、月结算、决算等。

对索赔处理，必须收集和获取凭证，凭证必须真实、客观，依据合同条款进行处理，当合同存在缺陷时，应及时提出，由合同双方解决。

对执行过程中，发生工程量变动、安全保护、文物保护、专利技术、特殊工艺、不可抗力、工程保险、工程暂停、工程缓建等引起费用变动，监理首先依据合同多款进行控制，如条款中没有规定，首先以有关规定进行处理，再以习惯做法提出监理意见，协商解决。

（7）总监理工程师组织专业监理工程师对施工中发生的工程暂停和工程变更对工期、费用的影响认真进行评估，严格进行管理，并按合同规定与各方进行协商。

（8）对合同要进行跟踪管理，不断充实合同数据库，准确及时地记录工程变更、工程暂停和复工、质量缺陷和事故、工程延期及延误、合同争议及调解，在合同执行过程中不断完善网络，协调合同之间的接口，预测合同风险，及时协调处理。

（9）合同中的档案管理，监理应进行分类，实行动态管理，对合同执行过程中形成的补充合同、文函、协议、记录、签证、电文进行登记、备用，应及时录入合同数据库。工程结束时，整理移交。

（七）信息管理的方法与措施

1. 信息的管理

（1）监理部设立专职信息工程师，制定《监理部文件和信息管理制度》，并做好收集、分类、存储、传递、反馈等工作。

（2）信息管理软件：办公自动化软件采用 office2000 软件。

（3）建立工程项目在质量、进度、投资、安全、合同等方面的信息和管理网络，在建设单位和设计、施工、设备、调试等单位的配合下，收集、发送和反馈工程信息，形成信息共享。

2. 信息收集

监理的信息来自：

（1）建设单位及上级主管单位的文件、工程前期文件、工程实施要求、工程图纸，由总理师负责收集。

（2）建设单位有关工程实施的文件、计划、报告；会议、通报；总结、管理制度、各建设单位的工程活动。由信息员收集。

（3）各施工、安装单位的有关工程进度、质量验评、费用变动、施工方案、工程变更、安全文明、设备人力等施工文件、报告及各类通知单、联络单等，由专业监理工程师收集。

（4）各厂家的文件、图纸、说明书资料、设备监造、缺陷情况的信息，由专业监理工程师收集。

（5）各有关设计院的设计变更资料等，由专业监理工程师收集。

（6）监理工程师的各类监理工作文件。各监理工程师提供。

（7）监理内部的各类文件：监理合同、规划、细则、操作文件、发出文函、分析报表、监理大事记；监理日志，由信息员收集。

3. 信息分类、整理、存储

监理信息分静态库、动态库。

（1）静态库分类、存储。

——投资方及上级指导性文件、招投标及合同文件、前期文件、原始资料等。

——设计文件、设备文件等。

——工程建设标准、技术标准、法规等文件。

——各单位（含监理部）管理制度、质量体系文件、企业标准。

（2）动态库分类、存储。

——来往文函、会议文件。

——建设动态资料、有关进度、质量、费用的动态管理资料。

——设计变更、工程变更、事故报告、施工及设备缺陷管理等。

——监理作业文件（发出文函、通知单、联系单、验证单、质量记录文件、各类专题报告、监理月报等）。

——监理统计资料、监理日志等。

4. 信息传递和管理

（1）静态信息由总监理师、总工、总经师批阅后由信息员传递后收回，进行归档。

（2）动态信息由总监理师、总工、总经师、专业监理工程师批阅后，提出意见、办理。实行闭环管理，即什么事、怎么处理、处理结果、证实文件等由信息员跟踪封闭。

（3）信息利用。信息是管理的核心，是沟通内外的中枢，必须进行加工处理后以便提供监理工程师有效利用。

（4）文档资料管理。监理部制定有《项目监理部文件资料管理规定》；对其文件的分类、批阅、标识进行传递、登记、查询、整编、入网等。

（八）监理协调工作的方法与措施

1. 建立三级协调机制

（1）以建设单位为主体，对工程建设重大问题进行协商决定。

（2）以监理为中心，以周例会形式，对现场各单位的施工配合问题进行协调处理。

（3）以专业监理工程师为中心，对专项问题进行专题协调研究。

2. 监理的协调工作

（1）工程技术协调。

由于对合同、技术规定、规程、技术结果判断的理解不一致而发生的分歧，监理应以熟练的知识进行分析，抓住关键，以耐心、诚心的科学态度进行协调，无效时，可报请质监站仲裁。

（2）现场各单位之间的协调。

参与工程各单位之间一般是没有合同关系，在有限时间、有限空间工作必然发生工作矛盾，如工序交叉、时间交叉、场地交叉等，监理应进行协调。

（3）监理与建设单位之间的协调。

监理是受建设单位委托从事工程技术服务，双方是合同关系，监理以监理合同为准，开展各项工作。通过监理规划、监理细则明确工作内容、程序，当监理合同中没有明确规定的，应由总监理工程师协调，并取得共识。

各专业监理工程师在工作时，应与建设单位进行专业对口联系，协调共识。

（4）监理与设计单位的协调。

设计与监理单位无合同关系，监理应通过项目建设单位进行协调，但工程技术问题可以展开讨论，但裁定必须由建设单位进行。

（5）监理与质监站的协调。

质监站是属政府行为在工程现场工作的，同时对监理也进行监督，管理。由于质监站与监理在工程质量目标一致，双方应相互支持。但工作性质和职责不一致，会发生需要事先协调工作，如验收标准、评定范围，工程报告等问题，必须事前协商，产生共识，协调一致，共同工作。

七、监理工作程序

（1）监理单位及时组建项目监理机构，并应按合同规定时间进驻工地现场。

（2）监理单位应在签订"监理合同"后10日内或最迟在项目监理机构进驻工地10天内按规定将监理人员构成、总监任命及印章书面通知建设单位。项目监理机构，应随后将其组织机构、分工、监理范围及总监理工程师职责范围、监理程序、监理报表等书面报告建设单位，并由建设单位通知承包单位和有关单位。

（3）建设单位提供工程有关资料及图纸。

（4）在具备条件后编制监理规划及监理实施细则。

（5）参加由建设单位组织召开的第一次工地会议。

（6）审阅设计文件、施工图纸和有关资料，并将监理意见报告建设单位，由建设单位转达设计单位。

（7）进行施工现场调查，参加设计交底和图纸会审并进行质疑。

（8）审查承包单位的施工组织总设计和专业施工组织设计。

（9）审查分包单位资质，并提出意见。

（10）核查并签发承包单位提出的《单位或分部工程开工报审表》。

（11）项目监理机构对工程建设实行质量、造价、进度和安全四控制；督促工程合同各方履行合同；协调建设单位与工程建设合同各承包方的关系。

（12）参与单位工程的验收和调试。

（13）参与工程整套试运行，参与签发《工程启动证书》和《移交生产证书》。

（14）参与试生产和性能测试（根据监理合同规定）。

（15）参与生产达标考核（根据监理合同规定）。

（16）整理合同文件、技术档案资料，编写施工验收评估报告。

（17）参与建设单位组织的竣工验收（根据监理合同规定）。

（18）做好施工阶段监理总结。

八、施工阶段监理作业执行的质量标准（略）

九、工程监理的组织机构与人员配备

（一）工程监理组织机构（略）

（二）工程监理机构的人员配备（略）

十、监理机构人员到岗计划（略）

十一、监理规划附件

1. 监理部各组室职责（略）。

2. 监理人员基本职则（略）。

3. 监理人员守则（略）。

4. 监理管理办法与制度（略）。

5. 监理用表格（略）。

6. 监理工程流程图（略）。

第五章　工程建设招标投标管理

1　工程建设招标投标的概念

工程建设招标投标是工程建设招标发包和投标承包的总称，是建设市场公平竞争的办法之一。

项目业主通过项目工程的招标，为确保工程建设的质量、控制合理的工程进度、达到预定的投资目标，为提高建设项目的经济效益，而选择相适应能力的工程承包单位，进行工程项目的设计、施工、供给设备。

投标单位通过信息获知而参与并索取招标文件，自己认为符合招标条件，能满足招标要求条件的基本目标而参加建设市场竞争，在招投标中展示自身能力，提出投标文件，进行竞争中标。

招标投标活动必须是经济合作中的企业"法人"之间的活动，都是为自身的经济利益和效益而展开的竞争活动。

为了规范建筑市场的管理，建设部、国家工商行政管理局联合以建法[1991]798号文发布《建筑市场管理规定》，对工程建设的发包、承包和合同管理做出规定，1992年12月30日建设部发布23号令《工程建设施工招标投标管理办法》，1997年国家计委以计建设[1997]1466号文发布《国家基本建设大中型项目实行招标投标的暂行规定》（见附件16）。1999年8月30日九届人大十一次会议通过并经主席令第21号公布《中华人民共和国招标投标法》（见附件3）从而使建筑市场管理走向法制化轨道。

2　招标投标竞争活动的准则

招标投标活动必须是在合法的环境中进行。我国对工程建设项目所制定的《中华人民共和国招标投标法》、《中华人民共和国建筑法》，从根本上对招投标工作作了法律规定，从而提供了良好的法律依据和良好的社会环境。同时对工程建设的招标范围、工程招标条件、招投标人的条件和遵循的原则，招投标程序和法律责任也相应作了具体规定。

工程的招标条件是：项目法人已确立，并以履行完成项目审批的手续，工程资金或资金来源已经落实，招标机构已经成立并得到有关部门的审批。

工程投标人条件是：有承担项目建设能力的企业法人。企业法人资格必须符合国家或行业的审查，已被国家工商管理部门批准领取了有关企业执照，同时符合招标文件中提出的资格条件，方可参与工程项目投标。

关于招标程序，规定非常严格，要求有一个严明的招标程序，对招标全过程，发标工作方式、投标文件要求、开标方法、评标要求、中标通知等均作了详细的规定。同时对不规范的和违反规定的投标也相应作了法律责任的规定。

招投标遵循的原则是公开、公平、公正和诚信。在招标投标全过程中，有一个要求明确的招标文件；投标人所编制的投标文件应是诚实的，全面响应了招标文件的要求；评标工作应是严密的，科学求实；中标后合同谈判平等客观、文本规范严谨。

3　国家对工程建设项目招标投标的规定

随着我国市场经济的发展，我国不断出台一些规定，规范市场行为，为把市场竞争机制引入投资体制改革，党的十四届五中全会不仅明确提出工程建设要全国推行项目法人责任制，而且还明确要求，工程建设实行招标投标制度。

随着国家发布招标投标法，有关部门发布了一系列有关招标投标的法规文件：

2000 年 6 月 30 日建设部发布 79 号令《工程建设项目招标代理机构资格认定办法》（见附件 18）。

2000 年 7 月 1 日国家计委发布《工程建设项目自行投标试行办法》（见附件 19）。

1999 年 1 月 21 日建设部发布第 65 号令《建设工程勘察设计市场管理规定》（见附件 28）。

2000 年 10 月 18 日建设部发布第 82 号令《建筑工程设计招标投标管理办法》（见附件 20）。

2001 年 5 月 1 日国务院批准国家计委发布 3 号令《工程建设项目招标范围和规模标准的规定》（见附件 17）。

2001 年 6 月 1 日建设部第 89 号令发布《房屋建筑和市政基础设施工程施工招标投标管理办法》（见附件 37）。

1999 年 1 月 5 日建设部建标[1999]1 号《建设工程施工发包与承包价格管理暂行规定》（见附件 29）。

随后于 2001 年 7 月 5 日国家计委、国家经贸委会同建设部、铁道部、交通部、信息产业部、水利部发布了《评标委员会和评标方法暂行规定》（见附件 21）对招标投标市场行为作了规范。

下面我们介绍有关招投标的国家和主管部门的规定：

——1999 年 8 月 30 日九届人大 11 次会议通过：《中华人民共和国招标投标法》（见表 5-1），自 2000 年 1 月 1 日起实行。

——1997 年 8 月 18 日国家计委计建设[1997]1466 号文颁布执行《国家基本建设大、中型项目实行招标投标的暂行规定》（见表 5-1）。

——2001 年 6 月 1 日以建设部令（第 89 号）颁布执行《房屋建筑和市政基础设施工程施工招标投标管理办法》（见表 5-2）。

（1）招标投标法和国家计委颁发招标投标暂行规定摘要（见表 5-1）。

（2）建设部颁布的《房屋建筑和市政基础设施工程施工招标投标管理办法》（2001 年 6 月 1 日 89 号令）摘要见表 5-2。

表 5-1

项目名称	《中华人民共和国招标投标法》规定	国家计委《国家基本建设大中型项目实行招标投标的暂行规定》
适用范围	1. 大型基础设施、公用事业等关系社会公共利益、公众安全的项目； 2. 全部或部分使用国有资金或者国家融资的项目； 3. 使用国际组织或外国政府贷款、援助资金的项目	1. 国务院或国家计委批准的国家计划内基本建设大中型项目； 2. 国际招标项目除按本规定执行外，服从国家对外经贸法律； 3. 利用国际金融组织或国外贷款，服从其贷款方规定； 4. 外商独资或外商控股的项目，可参照本规定执行
招标投标范围	建设项目的勘察、设计、施工、监理以及与工程建设项目有关的重要设备/材料的采购必须进行招标	1. 建设项目主体工程的设计、建筑安装、监理、设备材料供应、工程总承包、招标代理机构，必须通过招标确定； 2. 建设项目及其项目法人、不涉及特定地区或资源限制的建设地点、项目前期评估咨询单位，在具备条件时，也应通过招标选定
管理和监督	有关行政监督部门	1. 国务院各有关行业主管部门； 2. 省市计委
招标应具备的条件	1. 项目已经批准； 2. 项目资金或资金来源已落实	

项目名称	《中华人民共和国招标投标法》规定	国家计委《国家基本建设大中型项目实行招标投标的暂行规定》
招标方式	1. 公开招标； 2. 邀请招标； 国家和地方重点项目不适宜公开招标的，需经国家计委或地方政府批准，可以进行邀请招标	1. 公开招标； 2. 邀请招标； 3. 符合下列条件的可以议标： 1）只有少数几家具备资格； 2）涉及专利保护或自然地域环境限制； 3）招标费用与项目价值费用相比不值得； 4）采购规格事先难以确定； 5）国家另有规定
招标人办理招标事宜	1. 自行选择招标代理机构委托办理招标事宜； 2. 具有编制招标文件和组织评标能力的招标人，可自行办理招标事宜	1. 可以自行组织招标； 2. 缺乏能力而不能自行组织招标的应当委托具有资质的招标代理机构
招标人的权利	1. 有权选择招标代理机构； 2. 根据政府规定的资质标准审查投标人资质证明文件； 3. 合理划分标段； 4. 根据评标委员会书面评标报告确定中标人； 5. 中标人将中标项目分包，须经招标人同意	1. 有权自行组织招标或委托代理机构； 2. 根据政府规定的资产标准，有权确定投标单位； 3. 根据有关评标原则，有权在评标委员会推荐的候选单位中择优定标； 4. 自主确定标底，任何单位和部门不得随意干预
招标文件的内容	1. 项目技术要求和技术标准； 2. 对投标人资格审查的标准； 3. 投标报价要求及标段划分和工期要求； 4. 合同条件； 5. 评标标准	根据招标项目的要求，各项技术规格符合国家有关规定
投标人的条件	1. 应是参加竞争的法人或其他组织，科研项目允许个人参加投标； 2. 具备承担招标项目的能力； 3. 应具有国家有关规定或招标文件规定的资格证明； 4. 联合体各方均应具备规定的相应资格条件，同一专业联合体按照资质等级较低的单位确定等级	1. 具有招标文件要求的资质证书，并为独立法人实体； 2. 承担过类似建设项目的相关工作，并有良好的工作业绩和履约记录； 3. 财务状况良好，没有处于财产被管制、破产或其他关、停、并、转状态； 4. 在最近三年内没有与骗取合同有关以及其他经济方面的严重违法行为； 5. 近几年有良好的安全记录，投标当年内没有发生重大质量和特大安全事故； 6. 联合投标的应确定负责单位
招标人遵照的条例	1. 招标人自行办理招标事宜的，应当向有关行政监督部门备案； 2. 公开招标应依法在国家指定的报刊、信息网络或其他媒介发布公告，载明招标人的名称和地址、招标项目性质、数量、实施地点和时间以及获取招标文件的办法； 3. 邀请招标的应向三个以上特定法人或其他组织发出； 4. 招标人不得以不合理的条件限制、排斥、歧视潜在投标人； 5. 招标人不得向他人透露已获取招标文件的潜在投标人的名称、数量以及可能影响公平竞争的招标情况； 6. 标底必须保密； 7. 招标人修改招标文件，应在截标前 15 天，书面通知； 8. 招标人应当确定投标人编制投标文件所需合理时间最短不得少于 20 天； 9. 招标人收到投标文件后应签收不得开启，投标人少于三个的应重新招标，截标时间后送达的投标文件，招标人应当拒收； 10. 在确定中标人前，招标人不得与投标人就投标价格、投标方案等实质性内容进行谈判	1. 招标前将招标方案按项目隶属关系报行业主管部门或地方计委； 2. 公开招标应同时在一家以上的全国性报刊上刊登通告； 3. 邀请招标单位应在三家以上，参加议标不得少于两家； 4. 投标文件中规定，不得有针对某一潜在投标单位的内容； 5. 招标数额较大或国际招标应聘请律师对招标文件和合同文件出具法律咨询意见，在开标和签订合同时一般应请公证部门参加； 6. 标底必须保密
投标文件内容要求	1. 投标文件应对招标文件提出的实质性要求和条件做出响应； 2. 施工招标的投标文件内容应包括项目负责人和技术人员简历、业绩和施工机械设备； 3. 拟在中标后将部分非主体、非关键性工作进行分包、应在投标文件中说明	投标人应按招标文件要求编制投标文件

续表

项目名称	《中华人民共和国招标投标法》规定	国家计委《国家基本建设大中型项目实行招标投标的暂行规定》
投标人的权利	1. 投标人在截标前有权可以补充修改或撤回投标文件； 2. 招标人不得强制投标人组成联合体，不得限制投标人之间竞争	投标报价由投标人自主确定
投标人遵照的条例	1. 投标人不得相互串通投标报价，不能排挤其他投标人，损害招标人或其他投标人的合法权益； 2. 投标人不得与招标人串通投标，损害国家和社会公共利益和他人合法权益； 3. 禁止投标人行贿中标； 4. 投标人不得以低于成本价竞标，也不得以他人名义投标或弄虚作假骗取中标	1. 投标单位不得违犯国家行政管理局《关于禁止串通招标投标行为的暂行规定》，在投标中串通投标或与项目法人串通，以排斥其他投标单位投标； 2. 投标单位串通投标、或串通项目法人、排斥其他投标单位，投标结果无效； 3. 投标单位应向项目法人提供符合招标文件要求的投标人应具备的条件
开标	1. 开标应在截标同一时间公开进行； 2. 开标由招标人主持，邀请所有投标人参加； 3. 由投标人或其代表参加，也可委托公证机构检查公证后拆封，宣读投标人名称、投标价格和投标文件及其他主要内容； 4. 开标过程应记录、存档	项目法人主持开标，邀请投资方、投标单位、政府主管部门参加
评标	1. 由评标委员会负责，由技术、经济专家组成； 2. 评标委员会5人以上组成，成员人数5人以上的单数，其中专家不于三分之二； 3. 专家应当从事相关领域工作满8年，高级职称，由专家库可随机抽取（特殊项目由招标人直接确定）； 4. 与投标人有利害关系的人，不得进入评标委员会； 5. 评标委员会名单，在中标结果确定前应当保密； 6. 评标应当在严格保密的情况下进行； 7. 评标委员会可以要求投标人对投标文件做必要的澄清； 8. 评标委员会应按照招标文件确定的评标标准进行评审和比较，推荐合格的中标候选人； 9. 评标委员会认为所有投标不符合招标文件要求，可以否决所有投标，招标人应重新招标； 10. 评标委员会成员不得私下接触投标人，不得收受投标人财务，不得透露评标情况	1. 项目法人负责组建评标委员会，由项目法人、主要投资方、招标代理机构代表及技术经济专家组成为5人以上单数，受聘专家不得少于三分之二； 2. 与投标单位有利益关系的人员不得进入评标委员会； 3. 评标委员会经过综合评审比较，按顺序推荐2个或3个中标候选单位； 4. 项目法人或其他招标代理单位串通某一投标单位排斥其他投标单位，招标结果无效；取消代理机构资质，构成犯罪的追究刑事责任
中标人条件	1. 能最大限度满足招标文件中规定的各项综合评价标准； 2. 投标价格最低，但投标价低于成本的除外	评标委员会根据招标文件进行综合评审和比较，按顺序推荐2个或3个中标候选单位，项目法人在候选名单中择优定标
中标	1. 中标人确定后，招标人发出中标通知书，并同时通知未中标的投标人； 2. 中标通知书对招标人和中标人都有法律效力； 3. 中标通知书发出30日内按照招标文件和投标文件签订合同，招标人和中标人不得再行订立背离合同实质性内容的其他协议； 4. 投标文件要求中标中提交履约保证金的，中标人应当提交； 5. 中标人不得向其他人转让中标项目，也不得肢解后转让； 6. 经招标人同意，中标人可将中标项目的部分非主体、非关键工作分包给他人（具有相应资质），但不得再次分包； 7. 中标人应当就分包项目向招标人负责，接受分包的人就分包项目承担连带责任	1. 中标单位确定后，发出中标通知书，并将全部评标结果报行业主管部门和省计委备案； 2. 对未中标单位，项目法人在中标通知书发出后7天内退还其投标保证金； 3. 中标通知书发出30日内签订书面合同，中标单位拒签订合同，投标保证金将不予退还，给项目法人造成损失的由中标单位赔偿； 4. 合同中确定的建设标准和内容，合同价格应控制在批准的初步设计概算范围内，超出时须在中标合同签订前报原初步设计概算审核部门同意，否则在初步设计概算调整时，不予承认； 5. 中标合同需转让，合同分包需在投标文件中说明经项目法人同意，主体工程不得分包，合同分包量不得超过30%，且只能一次分包，否则法人可取消中标资格

续表

项目名称	《中华人民共和国招标投标法》规定	国家计委《国家基本建设大中型项目实行招标投标的暂行规定》
法律责任及罚则	1. 必须招标而不招标或化整为零或规避招标的，罚款或依法给予处分； 2. 招标代理机构违反保密规定或招标人、投标人串通损害国家利益或他人合法权益的罚则； 3. 招标人以不合理的条件限制或排斥潜在投标人的罚则； 4. 招标人向他人透露潜在投标人的名称数量可能影响公平竞争的罚则； 5. 投标人相互串通或与招标人串通投标或向评标行贿的罚则； 6. 投标人以他人名义投标或者其他方式弄虚作假的罚则； 7. 依法必须招标的项目，招标人违反本法与投标人就投标价格投标方案等实质性内容进行谈判的罚则； 8. 评标委员会成员收受投标人财物或好处，向他人透露评标情况的罚则； 9. 招标人在评委会推荐中标候选人之外确定中标人或所有投标人被评委会否决后自行确定中标人的罚则； 10. 中标人将中标项目转包给他人的，将中标项目肢解后分别转让给他人的罚则； 11. 招标人与中标人不按招标文件和中标人的投标文件订立合同的罚则； 12. 中标人不履行与招标人订立合同的罚则； 13. 限制或排斥本地区、本系统以外的法人或其他组织参加投标的罚则； 14. 对招标投标活动依法负有行政监督职责的国家机关工作人员徇私舞弊，滥用职权的罚则	进行串通招标的，其中标无效。按照《反不正当竞争法》第27条规定，处于1万元以上20万元以下的罚款，构成犯罪的移交司法机关追究刑事责任

表 5-2

建设部《房屋建筑和市政基础设施工程施工招标投标管理办法》摘要	说　明
定　义	房屋建筑是指各类房屋建筑及其附属设施和与其配套的线路、管道、设备安装工程及室内外装修工程。 市政基础设施工程是指城市道路、公共交通、供水、排水、燃气、热力、园林、环卫、污水处理、垃圾处理、防洪、地下公共设施及附属设施的土建、管道、设备安装工程
招标范围和规模标准	1. 施工单项合同估算价在200万元人民币以上，或者项目总投资在3000万元人民币以上； 2. 地方政府批准的具体范围和规模标准； 3. 不进行施工招标的项目： （1）停缓建恢复再建项目承包人不变更； （2）施工企业自建自用，施工企业资质等级符合要求； （3）在建工程追加的小型工程或主体加层工程； 4. 涉及国家安全、国家秘密、抢险救灾或者属于利用扶贫资金实行以工代赈、需要使用农民工等特殊情况，不进行施工投标； 5. 使用国际组织或者外国政府贷款、援助资金的工程，贷款方和资金提供方有不同规定，可以适用其规定
监督管理 （建设部负责全国施工招标投标活动的监督管理，地方政府建设主管部门负责本地区招标投标活动的监督管理）	监督管理具体工作可委托工程招标投标监督管理机构负责实施。 1. 审批招标项目的条件和招标人自行招标的申请； 2. 审查招标文件有无违反法律、法规内容； 3. 可由招标人委托公证机构对开标进行公证； 4. 可以在评标专家名册中提供评标专家，各地区专家名册可以联网，对进入专家名册的专家组织培训对其进行监督管理； 5. 招标人在确定中标人15日内向监督管理机构书面报告； ——施工招投标的基本情况； ——相关文件资料（邀请书、招标文件、评标报告等）书面报告5日后方可向中标人发出中标通知书； 6. 订立书面合同，7日内将合同备案； 7. 对罚则所规定的六种违法行为进行处罚； ——违反《招标投标法》的； ——有中标无效情形者，宣布中标无效，责令重新招标； ——招标方式不当者； ——不具备自行招标条件的； ——评标委员会不符合法规规定的； ——未提交招投标情况书面报告的

续表

建设部《房屋建筑和市政基础设施工程施工招标投标管理办法》摘要	说　明
建设项目招标应具备的条件	1. 按规定需要履行了项目审批手续; 2. 建设资金或资金来源已经落实; 3. 有能够满足施工需要的施工图纸及技术资料
招标人自行招标应当具备的条件	1. 有与招标工程相适应的经济、技术管理人员; 2. 有组织编制招标文件的能力; ——有专门招标组织; ——有同类工程招标经验; 3. 有组织开标、评标、定标的能力; 4. 向地方政府办理自行招标手续; 不具备上述条件的,须委托具有相应资质的招标代理机构代理招标
施工招标可采用的方式	1. 公开招标。全部使用国有资金投资或国有资金控股的项目应进行公开招标。由招标单位通过报刊、信息网络或其他媒介等方式发布招标公告; 2. 邀请招标。由招标单位向有承担该项工程施工能力的三个以上(含三个)企业发出招标邀请书
投标单位应向招标单位提供的资格材料	1. 企业营业执照和资质证书; 2. 企业简历和施工业绩; 3. 自有资金情况和财务状况; 4. 技术装备全员职工人数,包括技术人员、技术工人数量及平均技术等级、企业自有主要施工机械设备一览表、拟派出的项目经理和主要技术人员; 5. 近三年承建的主要工程及其质量情况
施工招标程序	1. 由建设单位组织一个与本办法第十条要求相符的招标班子; 2. 向招标投标监督管理机构提出招标申请书。申请书的主要内容包括:招标单位的资质,招标工程具备的条件,拟采用的招标方式和对投标单位的要求等; 3. 编制招标文件和标底,并报招标投标监督管理机构审定; 4. 发布招标公告或发出招标邀请书; 5. 投标单位申请投标; 6. 对投标单位进行资质审查,并将审查结果通知各申请投标者; 7. 向合格的投标单位分发招标文件及设计图纸、技术资料等; 8. 组织投标单位踏勘现场,并对招标文件答疑; 9. 建立评标组织,制定评标、定标办法; 10. 召开开标会议,审查投标标书; 11. 组织评标,决定中标单位; 12. 向招标投标监督管理机构书面报告招标情况; 13. 发出中标通知书; 14. 建设单位与中标单位签订承发包合同; 15. 对承包合同进行公证
招标文件主要内容	1. 投标须知,包括工程综合说明,包括工程名称、地址、招标项目及招标范围、质量标准以及现场条件、招标方式、标段划分、要求开工和竣工时间、对投标企业的资质等级要求、现场踏勘和答疑安排、投标文件编制、提交、修改、撤回的要求、投标报价要求、投标有效期、开标时间地点、评标方法和标准; 2. 招标工程的技术要求,必要的设计图纸和技术资料; 3. 采用工程量招标的,招标时应当提供工程量清单; 4. 工程资金来源及落实情况,包括由银行出具的建设资金证明和工程款的支付方式; 5. 投标书的编制要求及投标函的格式和附录; 6. 《建设工程施工合同条件》及调整要求; 7. 其他需要投标人提供的材料
招标遵照的条例	1. 办理施工招标应在发出投标邀请书前 5 日办理; 2. 招标文件发出时,应向招标投标管理机构备案; 3. 招标文件一经发出,招标单位不得擅自变更其内容或增加附加条件;确需变更和补充的,在投标截止日期 15 天前通知所有投标单位,并报招标投标管理机构备案; 招标文件发出后 10 天内,招标单位组织答疑会,答疑记要作为招标文件的补充,应报招标投标管理机构批准备案并以书面形式通知所有投标单位
编制标底应遵循的原则	1. 标底由招标单位自行编制或委托经建设行政主管部门认定具有编制标底能力的咨询、监理单位编制; 2. 根据设计图纸及有关资料,依据国家规定的工程量计算规则和招标文件规定的计价方法和要求编制标底; 3. 一个招标工程只能编制一个标底; 4. 标底在开标前保密

续表

建设部《房屋建筑和市政基础设施工程施工招标投标管理办法》摘要	说　　明
投标书的内容	1. 投标函； 2. 施工组织设计或施工方案，保证工程质量、进度、施工安全的主要技术组织措施； 3. 投标报价； 4. 招标文件要求提供的其他材料； 5. 计划开工、竣工日期，工程总进度； 6. 对合同主要条件的确认
投标的其他规定	1. 投标单位送交投标文件时，须按规定交纳投标保证金或投标保函，数额不超过 2%，最高不超过 50 万元； 2. 投标书须有单位和法定代表人或法定代表人委托的代理人的印鉴。投标单位应在规定的日期内将投标书密封送达招标单位。如果发现投标书有误，需在投标截止日期前用正式函件更正或撤回原投标文件，修改无效； 3. 投标单位可以提出备选标的，提交替代方案，并做出相应标价
关于开标、评标、定标和废标	1. 开标、评标、定标活动，在招标投标管理机构的监督下，由招标单位主持进行； 2. 开标应在截标时间同一时间公开进行，地点在招标文件中确定； 3. 由投标人或委托公证机构检查投标文件密封情况，确认无误后当众拆封； 4. 宣读投标人名称、投标价格和其他主要内容； 5. 有下列情况之一，投标书宣布作废： （1）未按要求密封； （2）无单位和法定代表人或法定代表人委托的代理人的印鉴； （3）未按规定的格式填写，内容不全或字迹模糊辨认不清； （4）未提供投标保函； （5）对联合体投标未附联合体协议； 6. 评标组织由评标委员会负责。由招标人代表和专家组成，人数为 5 人以上单数，招标人和招标代理机构以外的专家不少于三分之二，专家应由有关部门专家库内随机抽取确定。专家名单在中标结果确定之前保密； 7. 评标时按照招标文件确定的评标标准和方法，对投标文件进行评审比较，对评标结果签字确认； 8. 评标可以采用综合评估法或最低投标价或法律规定的其他方法； （1）综合评估法：质量、工期、投标价、施工方案、项目经理、业绩等进行评分； （2）最低价应在满足招标文件实质要求的投标人中推出，评委会论证认定报价低于企业成本，不能推荐中标； 9. 确定中标单位后，招标单位应在报送招标投标管理机构 5 天后发出中标通知书，同时抄送各未中标单位； 10. 中标通知书发出 30 天内；中标单位应与建设单位依据招标文件、投标书等签订工程承包发包合同。招投标双方不得再行签订背离合同实质内容的其他协议。订立合同 7 天内，中标人应将合同交建设主管部门备案
招投标赔偿	1. 中标人不与招标人订立合同，投标保证金不予退还，给招标人造成的损失超过投标保证金的，对超过部分予以赔偿； 2. 招标人无正当理由不与中标人签订合同的，给中标人造成损失，招标人应予赔偿